U0617215

高等学校电子与通信工程类专业系列教材

电子信息实验及创新实践系列教材

现代数字电路与
逻辑设计实验教程

主　编　蔡春晓

副主编　李燕龙　周　巍　黄品高

西安电子科技大学出版社

内 容 简 介

本书是与数字逻辑电路课程配套的实验教材，全书分为数字逻辑电路基础实验和基于 Quartus 的数字逻辑电路实验两部分。

本书既介绍了数字电路的基本元件、基本实验方法和实验技巧，又介绍了可编程逻辑器件、硬件描述语言(VHDL)及 EDA 工具和技术，同时将新技术和新器件引入教学实践环节，体现现代数字系统方法。实验内容循序渐进，能引导、启发学生的主动性和创造性。

本书可作为高等学校电子信息工程、通信工程、自动化、电子科学技术、测控技术与仪器等专业的"数字逻辑电路实验"课程教材，也可作为电子工程技术人员的自学参考书。

图书在版编目 (CIP) 数据

现代数字电路与逻辑设计实验教程/蔡春晓主编.
—西安：西安电子科技大学出版社，2016.3(2025.7 重印)
ISBN 978-7-5606-4059-4

Ⅰ.① 现… Ⅱ.① 蔡… Ⅲ.① 数字电路—逻辑设计—实验—高等学校—教材
Ⅳ.① TN79-33

中国版本图书馆 CIP 数据核字(2016)第 047760 号

策　　划　邵汉平
责任编辑　邵汉平　杨　璠
出版发行　西安电子科技大学出版社(西安市太白南路 2 号)
电　　话　(029)88202421　88201467　　邮　编　710071
网　　址　www.xduph.com　　　　　　电子邮箱　xdupfxb001@163.com
经　　销　新华书店
印刷单位　河北虎彩印刷有限公司
版　　次　2016 年 3 月第 1 版　　2025 年 7 月第 7 次印刷
开　　本　787 毫米×1092 毫米　1/16　印　张　9.75
字　　数　228 千字
定　　价　22.00 元
ISBN 978-7-5606-4059-4
XDUP 4351001-7
如有印装问题可调换

前　　言

本书是为通信工程、电子信息工程、计算机科学与技术、测控技术与仪器、电气工程及其自动化等专业开设的"数字逻辑电路"课程而编写的。作为电子信息类专业的重要技术基础课程，"数字逻辑电路"具有很强的实践性，与它相对应的"数字逻辑电路实验"课程在学生学习和掌握相关技术及知识的过程中也起着至关重要的作用。所以，在"数字电路逻辑实验"课程中应合理设置相关知识点和实验内容，既要注重基础知识和基本技能的学习，又要不断引入新技术和新器件，紧跟电子技术的发展，充分利用有限的学时，使学生产生学习兴趣，在掌握相关基本原理以及基础知识和方法的基础上，能够实际接触并掌握学科的最新技术，为今后的学习和工作打下良好的基础。

本书注重学生综合素质和创新意识的培养，通过三个方面的转移(从验证性实验转移到加强基本技能的训练，从小单元局部电路为主的实验转移到多模块、综合系统实验，从单一的实验室内实验形式转移到课上课下、实验室内外的多元化实验形式)，进一步培养学生自主学习的能力和分析问题、解决问题的能力。

本书深入浅出地介绍了数字逻辑系统设计的基础知识、基本理论和基本方法，注重硬件底层原理的讲解；同时结合 EDA 技术，介绍了最新的数字系统设计方法，指导学生循序渐进地独立完成数字逻辑系统的设计；还以 Quartus II 软件为平台，介绍了 FPGA/CPLD 器件、VHDL 硬件描述语言等现代数字系统设计的相关知识，系统地阐述了数字系统设计的方法与技术。全书分为数字逻辑电路基础实验和基于 Quartus 的数字逻辑电路实验两部分。在数字逻辑电路基础实验中，安排了 TTL 集成逻辑门的逻辑功能与参数测试，组合逻辑电路的设计与测试，数据选择器及其应用，编码器及其应用，译码器及其应用，触发器及其应用，计数器及其应用，顺序脉冲和序列信号发生器，移位寄存器及其应用，555 时基电路及其应用，A/D、D/A 转换器，简易数字钟的设计，可定时多路数显抢答器的设计等 13 个实验。基于 Quartus 的数字逻辑电路实验部分安排了半加器设计、1 位全加器设计、4 选 1 数据选择器设计、译码器设计、触发器设计、计数器设计、有时钟使能的 2 位十进制计数器设计、数控分频器设计、2 位十进制频率计原理图输入设计、4 位十进制频率计设计、秒表设计、计时电路设计、电子抢答器设计、ADC 采样控制电路设计等 14 个实验。

本书紧密联系教学实际，着眼于实用，提供了大量能够体现电子线路设计领域主流设计思想和技术的实例，以期提高学生的实践能力，扩展学生的视野和培养学生的独立研究能力。

　　桂林电子科技大学教学实践部电子电路实验中心的教师们在长期的实验实践教学中积累了丰富的经验和素材，为本书的出版打下了良好的基础，在此表示衷心的感谢！

　　由于时间紧迫，编者水平有限，书中难免出现不足之处，敬请同行、读者提出宝贵意见和改进建议。

编　者

2015 年 11 月

目　　录

实验要求 1

数字电路实验基本知识 3

第 1 部分　数字逻辑电路基础实验 7
　实验 1.1　TTL 集成逻辑门的逻辑功能与参数测试 9
　实验 1.2　组合逻辑电路的设计与测试 18
　实验 1.3　数据选择器及其应用 22
　实验 1.4　编码器及其应用 26
　实验 1.5　译码器及其应用 31
　实验 1.6　触发器及其应用 38
　实验 1.7　计数器及其应用 44
　实验 1.8　顺序脉冲和序列信号发生器 49
　实验 1.9　移位寄存器及其应用 55
　实验 1.10　555 时基电路及其应用 59
　实验 1.11　A/D、D/A 转换器 67
　实验 1.12　简易数字钟的设计 75
　实验 1.13　可定时多路数显抢答器的设计 79

第 2 部分　基于 Quartus 的数字逻辑电路实验 85
　实验 2.1　半加器设计 87
　实验 2.2　1 位全加器设计 91
　实验 2.3　4 选 1 数据选择器设计 94
　实验 2.4　译码器设计 97
　实验 2.5　触发器设计 100
　实验 2.6　计数器设计 103
　实验 2.7　有时钟使能的 2 位十进制计数器设计 105
　实验 2.8　数控分频器设计 107
　实验 2.9　2 位十进制频率计原理图输入设计 109
　实验 2.10　4 位十进制频率计设计 110
　实验 2.11　秒表设计 113
　实验 2.12　计时电路设计 116

实验 2.13　电子抢答器设计 120

实验 2.14　ADC 采样控制电路设计 123

附录 A　Quartus Ⅱ软件使用指南 130
附录 B　DE2 板的组成、结构及说明 141
附录 C　常用数字集成电路引脚排列图 148
参考文献 150

实 验 要 求

一、实验教学基本要求

本实验课的目的是培养学生的电子电路实验研究能力和理论联系实际的能力，使学生能根据实验结果，利用所学理论，通过分析找出系统的内在联系，从而对电路参数进行调整，使之符合性能要求。在实验中培养学生实事求是、认真严谨的科学作风。

实验部分的基本要求是：

(1) 正确使用常用电子仪器，如示波器、信号发生器、数字万用表、参数测试仪和稳压电源等。

(2) 掌握基本的测试技术，如测量频率、相位、时间、脉冲波波形参数，电压或电流的平均值、有效值、峰值以及电子电路的主要技术指标。

(3) 具备查阅电子器件手册的能力。

(4) 能根据技术要求选用合适的元器件，设计常用的小系统，并对系统进行组装和调试。

(5) 初步具备分析、查找和排除电子电路中常见故障的能力。

(6) 初步具备正确处理实验数据、分析误差的能力。

(7) 能独立写出严谨的、有理论分析的、实事求是的、文理通顺、字迹工整的实验报告。

二、实验规则

为了顺利完成实验任务，确保人身、设备安全，培养严谨、踏实、实事求是的科学作风和爱护公共财物的优秀品质，实验中应遵循以下实验规则：

(1) 实验前必须认真预习，完成指定的预习任务。预习要求如下：

① 认真阅读实验指导书，分析、掌握实验电路的工作原理，并进行必要的估算。

② 完成各实验"预习要求"中指定的内容。

③ 熟悉实验任务。

④ 复习实验中各仪器的使用方法及注意事项。

⑤ 未完成预习任务者不能进实验室做实验。

(2) 使用仪器、设备前必须了解其性能、操作方法及注意事项，在使用时应严格遵守操作规程。

(3) 实验时接线要认真，接好后应仔细检查，确信无误后才能接通电源。初学或没有把握时应经指导教师审查同意后才能接通电源。

(4) 实验时应注意观察，若发现有破坏性异常现象(例如元件冒烟、发烫或有异味)，应立即关断电源，保持现场，报告指导教师。找出原因、排除故障并经指导教师同意后才能继续实验。如果发生事故(例如元件或设备损坏),应主动填写实验事故报告单,服从实验室和指导教师对事故的处理决定(包括经济赔偿),并自觉总结经验,吸取教训。

(5) 实验过程中需要改接线时,应关断电源后才能拆、接线。

(6) 实验过程中应仔细观察实验现象,认真记录实验结果(数据、波形及其现象)。所记录的实验结果必须经指导教师审阅签字后才能拆除实验线路。

(7) 实验结束后,必须拉闸,并将仪器、设备、工具、导线等按规定整理好,才能离开实验室。

(8) 在实验室不得做与实验无关的事。在进行指导教师指定内容以外的实验时,必须取得指导教师的同意。

(9) 遵守纪律,不迟到、不乱拿其他组的仪器、设备、工具和导线等。保持实验室安静、整洁,爱护公物,不在仪器设备或桌子上乱写乱画。

(10) 实验结束后每个同学都必须按要求完成一份实验报告。

三、实验报告要求

实验报告一般应包括以下内容:

(1) 实验报告必须有原始记录(数据、波形、现象及所用仪器设备编号等)。原始记录必须有指导教师的签字,否则视为无效。

(2) 画出实验电路,简述实验内容及结果,不要抄写实验指导书上的步骤、公式等。

(3) 对原始记录进行必要的分析、整理,并将原始记录与预习时理论分析所得的结果进行比较,若误差较大,则需分析原因。

(4) 重点报告实验中体会较深、收获较大的一两个问题(如果实验中出现故障,应将分析故障、查找原因作为重点报告内容),详细报告其过程,说明出现过什么现象,当时是怎么分析的,采取了什么措施,结果如何,有什么收获或应吸取什么教训。

(5) 回答指导教师指定的思考题。

实验报告封面上应写明实验名称、班号、实验者姓名、学号、实验日期和完成实验报告的日期等,并将实验报告整理装订好,按指导教师指定的时间上交。

数字电路实验基本知识

一、数字集成电路的封装

中、小规模数字集成电路中最常用的是 TTL 电路和 CMOS 电路。TTL 器件型号以 74 或 54 作为前缀，称为 74/54 系列，如 74LS00、74F181 和 54S86 等。CMOS 电路有 HC(74HC) 系列和与 TTL 兼容的高速 CMOS 电路 HCT(74HCT)系列等。TTL 电路与 CMOS 电路各有优缺点，TTL 速度高，CMOS 电路功耗小、电源范围大、抗干扰能力强。

数字集成电路器件有多种封装形式，如图 1 所示。

(a) DIP 封装　　(b) QFP 封装　　(c) PGA 封装　　(d) BGA 封装

(e) PLCC 封装　(f) COB 封装　(g) Flip-Chip 封装　(h) SOJ 封装　(i) SOP 封装

图 1　各种芯片封装图

(a) DIP(Dual In-line Package)：双列直插式封装；

(b) QFP(Quad Flat Package)：方形扁平式封装；

(c) PGA(Pin Grid Array Package)：插针网格阵列封装；

(d) BGA(Ball Grid Array Package)：球栅阵列封装；

(e) PLCC(Plastic Leaded Chip Carrier)：有引线塑料芯片载体封装；

(f) COB(Chip on Board)：板上芯片封装；

(g) Flip-Chip：倒装焊芯片；

(h) SOJ(Small Out-line J-Leaded Package)：J 形引线小外形封装；

(i) SOP(Small Out-line Package)：小外形封装。

实验中所用的 74 系列器件选用双列直插式(DIP)封装，图 2 所示是双列直插式封装的正面示意图。

DIP 封装的特点有：

图 2　双列直插式封装

(1) 从正面看，器件一端有一个半圆形缺口，IC 芯片的引脚编号以半圆形缺口为参考点定位，缺口左下边的第一个引脚编号为 1，其他引脚编号按逆时针方向增加。DIP 封装的数字集成电路引脚数有 14、16、20、24 和 28 等多种。

(2) DIP 封装的器件有两列引脚，两列引脚之间的距离能够进行微小改变，但引脚间距不能改变。将器件插入实验(箱)平台上的插座(面包板)或拔出时要小心，不要将器件引脚弄弯或折断。

(3) 对于 74 系列器件，一般最右下角的引脚是 GND，最左上角的引脚是 V_{CC}，如图 3 所示。

图 3　引脚分配图

使用集成电路器件时要先看清楚它的引脚分配图，找对电源和地引脚，避免因接线错误造成器件损坏。

二、复杂可编程逻辑器件(CPLD)的封装

在数字电路实验系统中使用的复杂可编程逻辑器件 EPM7128SLC84 采用 84 引脚的 PLCC 封装，图 4 为封装正面。器件正面上方的小圆点指示引脚 1，引脚编号按逆时针方向增加，引脚 2 在引脚 1 的左边，引脚 84 在引脚 1 的右边。EPM7128 SLC84 的电源引脚号和地引脚号有许多个。插 PLCC 器件时，器件正面的左上角(缺角)要对准插座的左上角。拔 PLCC 器件时，应使用专门的起拔器。

图 4　PLCC 封装正面

注意：插拔、连接或安装器件时，只能在断开电源的情况下进行。

三、数字电路逻辑状态的规定

数字电路是一种开关电路，开关包括"开通"与"关断"两种状态，常用二元常量 0 和 1 来表示。

在数字逻辑电路中，区分逻辑电路状态"1"和"0"信号的电平一般有两种规定，即正逻辑和负逻辑。正逻辑规定，高电平表示逻辑"1"，低电平则表示逻辑"0"。负逻辑规定，低电平表示逻辑"1"，高电平则表示逻辑"0"。工程中多采用正逻辑描述。对于 TTL 电路，正逻辑"1"电平在 3.6～5 V 之间，逻辑"0"电平在 0.2～0.4 V 之间；对于 CMOS 电路，正逻辑"1"电平在 3～18 V 之间，逻辑"0"电平在 0.2～0.9 V 之间。

四、数字电路测试及故障查找与排除

1. 数字电路测试

数字电路静态测试是指给定数字电路若干组静态输入值，测定数字电路的输出值是否正确。数字电路状态测试的过程为在数字电路设计好并将其安装连接成完整的线路后，把线路的输入端接到电平开关上，线路的输出端接到电平指示灯(LED)上，按功能表或状态表的要求，改变输入状态，观察输入和输出之间的关系是否符合设计要求。

数字电路电平测试是测量数字电路输入与输出逻辑电平(电压)值是否正确的一种方法。在数字逻辑电路中，对于 74 系列 TTL 集成电路，要求输入的低电平不大于 0.8 V，输入的高电平不小于 2 V。74 系列 TTL 集成电路输出的低电平不大于 0.2 V，输出的高电平不小于 3.5 V。

静态测试是检查设计与接线是否正确无误的重要步骤。

动态测试是指在静态测试的基础上，按设计要求在输入端加动态脉冲信号，观察输出端波形是否符合设计要求。

2. 故障查找与排除

在数字逻辑电路实验中，出现问题是难免的，重要的是分析问题，找出问题的原因，从而解决问题。一般来说，产生问题(故障)的原因有三个方面：器件故障、接线错误和设计错误。

(1) 器件故障。器件故障是器件失效或接插问题引起的故障，表现为器件工作不正常，这需要更换一个好的器件才能解决。器件接插问题，如管脚折断或器件的某个(或某些)引脚没有插到插座中等，也会使器件工作不正常。对于器件接插错误，有时不易发现，需要仔细检查。判断器件是否失效的方法是用集成电路测试仪测试器件。需要指出的是，一般的集成电路测试仪只能检测器件的某些静态特性，对负载能力等静态特性和上升沿、下降沿、延迟时间等动态特性无法测试。测试器件的这些参数，须使用专门的集成电路测试仪。

(2) 接线错误。在教学实验中，最常见的接线错误有漏线错误和布线错误。漏线的现象往往是忘记连接电源和地，或是线路输入端悬空。悬空的输入端可用三状态逻辑笔或电压表来检测。一个理想 TTL 电路的逻辑"0"电平在 0.2～0.4 V 之间，逻辑"1"电平在 3.6～5 V 之间，而悬空点的电平在 1.6～1.8 V 之间。CMOS 的逻辑电平等于实际使用时的电源电压和地线。接线错误会使器件(不是 OC 门)的输出端之间短路。两个具有相反电平的 TTL

集成电路输出端如果短路，将会产生大约 0.6 V 的输出电压。

(3) 设计错误。设计错误会造成与预想的结果不一致，其原因是没有掌握所用器件的原理。在集成逻辑电路的实际应用中，由于电磁感应，悬空的输入端易受到干扰产生噪声，而这种噪声有可能被逻辑门当做输入逻辑信号，从而产生错误的输出信号。因此不用的输入端是不允许悬空的。常把不用的输入端与有用的输入端连接到一起，或根据器件类型，把它们接到高电平或低电平上。

当实验中发现结果与预期不一致时，应仔细观察现象，冷静分析问题所在。首先检查仪器、仪表的使用是否正确。在正确使用仪器、仪表的前提下，按逻辑图和接线图查找问题出现在何处。查找与纠错是综合分析、仔细推究的过程，包括多种方法，但使用"二分法"查错速度较快。所谓"二分法"，是将所设计的逻辑电路从最先信号输入端到电路最终信号输出端之间的电路一分为二，在中间找到切入点，断开后半部分电路，对前半部分电路进行分析、测试，确定前半部分电路是否正确。如前半部分电路不正确，则将前半部分电路再一分为二，以此类推，只要认真分析、仔细查找，总会调试成功。

五、数字系统设计实验的步骤

(1) 实验设计。实验设计包括方案设计、逻辑原理设计和线路设计。

(2) 选择器件。准备连接导线，选择器件，按功能块相对集中的排列器件。

(3) 器件布局。

(4) 布线。布线顺序：电源线→数据信号线→控制信号线→开关、显示灯线。

(5) 实验测试、调试与记录，包括故障的现象、分析、纠错过程等。

(6) 撰写实验总结报告。

实验总结报告的内容报告：

① 实验内容。

② 实验目的。

③ 实验设备。

④ 实验方法与手段。

⑤ 实验原理图。

⑥ 实验现象(结果)记录分析。

⑦ 实验结论与体会，包括实验方案的正确性、可行性如何，可否进一步优化，有哪些收获和体会，有哪些经验教训，有哪些建议等。

第 1 部分

数字逻辑电路基础实验

实验 1.1　TTL 集成逻辑门的逻辑功能与参数测试

TTL 集成逻辑门的逻辑功能与参数测试是数字电子技术的基础测试实验,要求掌握 TTL 与非门等电路主要参数的测试方法,加深对 TTL 集成逻辑门逻辑功能的认识,掌握 TTL 器件的传输特性。

一、实验目的

(1) 掌握 TTL 集成与非门的逻辑功能和主要参数的测试方法。
(2) 掌握 TTL 器件的使用规则。
(3) 熟悉数字电路实验装置的结构、基本功能和使用方法。
(4) 加强示波器使用方法的训练。

二、实验原理

TTL 门电路是最简单、最基本的数字集成电路元件,将其适当地组合连接便可以构成任何复杂的组合电路。因此,掌握 TTL 门电路的工作原理,熟悉并灵活地使用 TTL 门电路是必备的基本功之一。在设计数字电路和数字系统时,常遇到的不仅仅是逻辑功能、器件损坏的问题,还有集成电路性能或参数的问题。因此,了解集成电路的参数,熟练掌握集成电路的测试方法是很有必要的。

本实验采用四输入双与非门 74LS20,即在一块集成块内含有两个互相独立的与非门,每个与非门有四个输入端。其逻辑框图、逻辑符号及引脚排列分别如图 1.1.1(a)、(b)、(c) 所示。

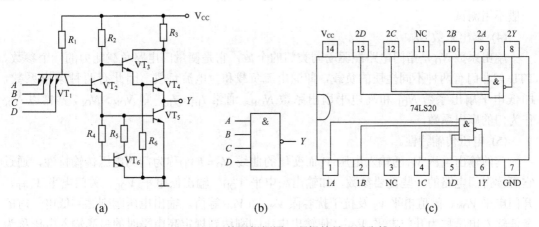

(a)　　　　　　　　(b)　　　　　　　　(c)

图 1.1.1　74LS20 的逻辑框图、逻辑符号及引脚排列

1. 与非门的逻辑功能

与非门的逻辑功能是:当输入端中有一个或一个以上是低电平时,输出端为高电平;只有当输入端全部为高电平时,输出端才是低电平(即有"0"得"1",全"1"得"0")。其逻辑表达式为 $Y = \overline{ABCD}$。

2．TTL 与非门的主要参数

(1) 输出高电平 V_{OH} 和输出低电平 V_{OL}。

输出高电平 V_{OH} 是指与非门一个以上的输入端接低电平或接地时，输出电压的大小。输出高电平时门电路处于截止状态。若输出空载，则 V_{OH} 在 3.6 V 左右；当输出端接有拉电流负载时，V_{OH} 将降低。输出低电平 V_{OL} 是指与非门的所有输入端均接高电平时，输出电压的大小。输出低电平时门电路处于导通状态。V_{OL} 的大小主要由输出级三极管的饱和深度和外接负载的灌电流来决定，一般 $V_{OL} \leqslant 0.4$ V。

(2) 低电平输出电源电流 I_{CCL} 和高电平输出电源电流 I_{CCH}。

与非门处于不同的工作状态，电源提供的电流是不同的。I_{CCL} 是指所有输入端悬空或接高电平，输出端空载时，电源提供给器件的电流。I_{CCH} 是指输出端空载，每个门各有一个以上的输入端接地，其余输入端悬空或接高电平时，电源提供给器件的电流。通常 $I_{CCL} > I_{CCH}$，它们的大小标志着器件静态功耗的大小。器件的最大功耗 $P_{CCL} = V_{CC} \cdot I_{CCL}$。手册中提供的电源电流和功耗值是指整个器件总的电源电流和总的功耗值。

注意：TTL 电路对电源电压要求较严，电源电压 V_{CC} 只允许在 (5 ± 0.5) V 的范围内工作，超过 5.5 V 将损坏器件；低于 4.5 V 器件的逻辑功能将不正常。

(3) 低电平输入电流 I_{IL} 和高电平输入电流 I_{IH}。

低电平输入电流 I_{IL} 是指被测输入端接地，其余输入端悬空或接高电平，输出端空载时，由被测输入端流出的电流值。在多级门电路中，I_{IL} 相当于前级门输出低电平时，后级向前级门灌入的电流，因此它关系到前级门的灌电流负载能力，即直接影响前级门电路带负载的个数，因此希望 I_{IL} 小些。

高电平输入电流 I_{IH} 是指被测输入端接高电平，其余输入端接地，输出端空载时，流入被测输入端的电流值。在多级门电路中，I_{IH} 相当于前级门输出高电平时，前级门的拉电流，其大小关系到前级门的拉电流负载能力，一般希望 I_{IH} 小些。由于 I_{IH} 较小，难以测量，故一般不用测试。

(4) 扇出系数 N_O。

扇出系数 N_O 是指门电路能驱动同类门的个数，它是衡量门电路负载能力的一个参数。TTL 与非有两种不同性质的负载，即灌电流负载和拉电流负载，因此有两种扇出系数，即低电平扇出系数 N_{OL} 和高电平扇出系数 N_{OH}。通常 $I_{IH} < I_{IL}$，则 $N_{OH} > N_{OL}$，故常以 N_{OL} 作为门的扇出系数。

(5) 电压传输特性。

门的输出电压 V_O 随输入电压 V_I 而变化的曲线 $V_O = f(V_I)$ 称为门的电压传输特性，通过它可读得门电路的一些重要参数，如输出高电平 V_{OH}、输出低电平 V_{OL}、关门电平 V_{OFF}、开门电平 V_{ON}、阈值电平 V_T 及抗干扰容限 V_{NL} 和 V_{NH} 等值。输出电压刚刚达到低电平时的最低输入电压称为开门电平 V_{ON}。使输出电压刚刚达到规定高电平时的最高输入电压称为关门电平 V_{OFF}。

(6) 空载导通功耗 P_{ON}。

空载导通功耗 P_{ON} 指输入全部为高电平、输出为低电平且不带负载时的功率损耗。

(7) 空载截止功耗 P_{OFF}。

空载截止功耗 P_{OFF} 指输入为低电平、输出为高电平且不带负载时的功率损耗。

(8) 噪声容限。

电路能够保持正确的逻辑关系所允许的最大抗干扰值，称为噪声电压容限。输入低电平时的噪声容限 $V_{NL}=V_{OFF}-V_{IL}$，输入高电平时的噪声容限为 $V_{NH}=V_{IH}-V_{ON}$。通常 TTL 门电路的 V_{IH} 取其最小值 2.0 V，V_{IL} 取其最大值 0.8 V。

(9) 平均传输延迟时间 t_{pd}。

平均传输延迟时间 t_{pd} 是与非门的输出波形相对于输入波形的时间延迟，是衡量开关电路速度的重要指标。一般情况下，低速组件的 t_{pd} 为 40~60 ns，中速组件的 t_{pd} 为 15~40 ns，高速组件的 t_{pd} 为 8~15 ns，超高速组件的 $t_{pd}<8$ ns。

三、实验预习要求

(1) 复习 TTL 与非门有关内容，阅读 TTL 电路使用规则。

(2) 为什么 TTL 与非门的输入端悬空相当于输入逻辑"1"电平？

(3) TTL 或非门闲置输入端应如何处理？

(4) 掌握基本的逻辑运算"与"、"或"、"非"、"与非"、"或非"、"异或"、"同或"及其各种运算的基本表达式及门电路符号表示。

(5) 掌握电压表、电流表及万用表的使用方法。

(6) 复习示波器的常用使用方法。

四、实验仪器与器件

(1) 数字电路实验箱一台。

(2) 数字示波器一台。

(3) 集成芯片 74LS20 一片。

(4) 元器件：电阻、电位器若干个。

五、实验内容

1. 基础性实验

1) 验证 TTL 集成与非门 74LS20 的逻辑功能

按表 1.1.1 测试 74LS20 的功能，当输入 A、B、C、D 为高电平时，输出端是低电平；当有一个或几个输入端为低电平时，输出端为高电平。74LS20 有四个输入端，有 16 个最小项，在实际测试时，只要通过对输入 1111、1011、1101、1110、0111 五项进行检测就可判断其逻辑功能是否正常。

表 1.1.1　与非门功能测试表

输　　入				输　　出
A	B	C	D	Y
1	1	1	1	
0	1	1	1	
1	0	1	1	
1	1	0	1	
1	1	1	0	

2) 与非门动态特性测试

观察与非门对脉冲的控制作用，用示波器双通道分别观察输入、输出波形。按图 1.1.2(a)、(b)接线，将一个输入端接连续脉冲源(频率为 1 kHz)，用示波器观察两种电路的输出波形并作记录，分别说明与非门对脉冲起怎样的控制作用。

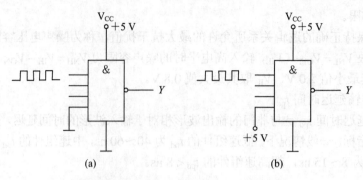

图 1.1.2　与非门对脉冲的控制作用

3) 与非门主要参数的测试

(1) 输出高电平 V_{OH} 的测试电路如图 1.1.3 所示。把与非门中的一个或四个输入端全部接地，用万用表测出的输出端电压为 V_{OH}。

(2) 输出低电平 V_{OL} 的测试电路如图 1.1.4 所示。输入端全部悬空或接高电平，测出的输出端电压即为 V_{OL}。

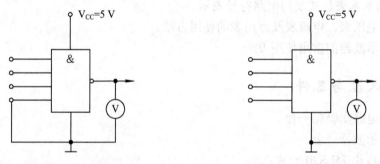

图 1.1.3　V_{OH} 测试电路　　　　　　图 1.1.4　V_{OL} 测试电路

(3) 低电平输入电流 I_{IL} 的测试电路如图 1.1.5 所示。从电流表上读出的电流就是与非门的低电平输入电流 I_{IL}。

(4) 高电平输入电流 I_{IH} 的测试电路如图 1.1.6 所示。从电流表上读出的电流就是与非门的高电平输入电流 I_{IH}。

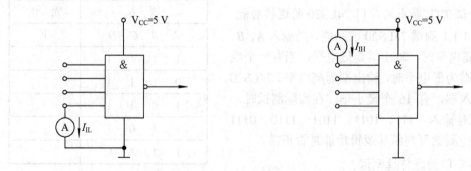

图 1.1.5　I_{IL} 测试电路　　　　　　图 1.1.6　I_{IH} 测试电路

(5) 空载导通功耗 P_{ON} 的测试电路如图 1.1.7 所示。用万用表测出电流 I_{ON}，空载导通功耗 $P_{ON} = V_{CC} \cdot I_{ON}$。(注意：两组门应同时处于空载导通状态。)

(6) 空载截止功耗 P_{OFF} 的测试电路如图 1.1.8 所示。用万用表测出电流 I_{OFF}，空载截止功耗 $P_{OFF} = V_{CC} \cdot I_{OFF}$。(注意：两组门应同时处于空载截止状态。)

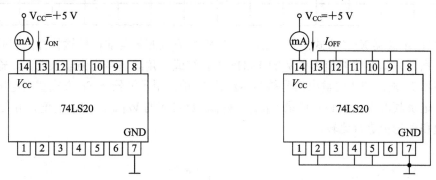

图 1.1.7 P_{ON} 测试电路   图 1.1.8 P_{OFF} 测试电路

(7) 扇出系数 N_O 的测试电路如图 1.1.9 所示。与非门的四个输入端均悬空或接高电平，接通电源，调节 R_W，使电压表的读数等于 0.4 V，读出此时电流表的读数 I_{OL}。扇出系数 $N_O = I_{OL} / I_{IL}$。

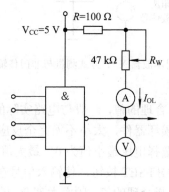

图 1.1.9 N_O 测试电路

(8) 与非门传输特性的测试。

① 逐点法测量。逐点法测量与非门传输特性的电路如图 1.1.10 所示。调节 R_W 使 V_I 从 0 V 向 5 V 变化，分别测出对应的输出电压 V_O，并将结果填入表 1.1.2 中。(注意：在 1 V 附近输出电压发生跳变比较大的地方多测量一些点。)

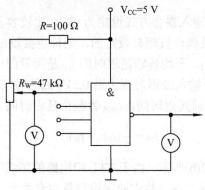

图 1.1.10 传输特性测试电路

表 1.1.2　与非门传输特性记录表

V_I/V	0	0.2	0.4	0.6	0.8	1.0	1.2	1.5	2.0	2.5	3.0	3.5	4.0	4.5	5.0
V_O/V															

② 采用示波器 X-Y 方式测量。用示波器 X-Y 方式测量与非门传输特性的实验电路如图 1.1.11 所示。调节峰峰值为 5 V 的 1 kHz 正弦波或三角波信号作为输入电压，输入信号接至示波器 X 轴，与非门输出信号接至示波器 Y 轴，用示波器 X-Y 方式观察电压传输特性曲线，记录其波形，找到并记录 V_{IHmin}、V_{IHmax} 及对应的 V_{OLmax}、V_{OHmin} 值，并与表 1.1.2 的测量值和理论值进行比较。

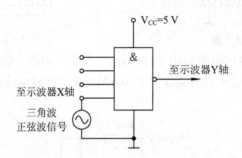

图 1.1.11　采用示波器 X-Y 方式测量与非门传输特性实验电路

测量时应注意以下几点：

① 输入信号的电压要选择合理的值，一般与电路实际的输入动态范围相同，太大除了会影响测量结果以外还可能会损坏器件，太小不能完全反应电路的传输特性。TTL 电路应该根据其输入信号的动态范围选择电压最小值为 0，最大值为 5 V 的信号。对输入的信号，一般要调节函数信号发生器的 OFFSET 按钮，使输入信号在零电平以上。

② 输入信号的频率也要选择合理的值，频率太高会引起电路的各种高频效应，太低则使显示的波形闪烁，都会影响观察和读数，一般取 100 Hz～1 kHz 即可。

③ 为了正确地读数，在测量前要先进行原点校准。把示波器设成 X-Y 方式，对于模拟示波器，两个通道都接地，此时应该能看到一个光点，调节相应位移旋钮，使光点处于坐标原点；而对于数字示波器，使两个通道轮流接地，将水平扫描线或垂直扫描线分别和 X 轴、Y 轴重合。

④ 在测量时，一般要将输入耦合方式设定为 DC。比较容易忽视的是在 X-Y 方式下，X 通道的耦合方式是通过触发耦合按钮来设定的，同样也要设成 DC。

(9) 平均传输延迟时间 t_{pd}。平均传输延迟时间 t_{pd} 是衡量门电路开关速度的参数，它是指输出波形边沿的 $0.5V_m$ 点至输入波形对应边沿 $0.5V_m$ 点的时间间隔，如图 1.1.12 所示。

图 1.1.12(a) 中的 t_{pdL} 为导通延迟时间，t_{pdH} 为截止延迟时间，平均传输延迟时间为

$$t_{pd} = \frac{1}{2}(t_{pdL} + t_{pdH})$$

t_{pd} 的测试电路如图 1.1.12(b) 所示。由于 TTL 门电路的延迟时间较小，直接测量时对信号发生器和示波器的性能要求较高，故实验采用测量由奇数个与非门组成的环形振荡器的振荡周期 T 来求得。其工作原理是：假设电路在接通电源后某一瞬间，电路中的 A 点为逻

辑"1"，经过三级门的延迟后，使 A 点由原来的逻辑"1"变为逻辑"0"；再经过三级门的延迟后，A 点电平又重新回到逻辑"1"。电路中其他各点电平也跟随变化。这说明使 A 点发生一个周期的振荡，必须经过六级门的延迟时间。因此平均传输延迟时间为

$$t_{pd} = \frac{T}{6}$$

TTL 电路的 t_{pd} 一般在 $10 \sim 40$ ns 之间。

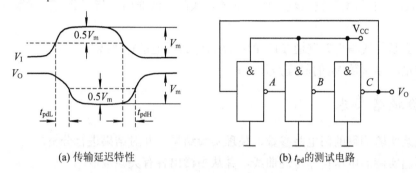

| (a) 传输延迟特性 | (b) t_{pd} 的测试电路 |

图 1.1.12　平均传输延迟时间测量

2. 提高性实验

1) 与非门输入端负载特性研究

与非门输入端负载特性是指输入端接上电阻 R_i 时，输入电压 U_i 随 R_i 的变化关系。用电阻 R_i 可模拟前级门灌电流负载，即与非门输入端负载。改变电阻 R_i 的值(由小到大)，用万用表观测 U_i 及输出端逻辑状态的变化，如图 1.1.13 所示，当输出由高电平变为低电平时(发生逻辑错误)，测量并记录相应的 U_i 值和电阻 R_i 值。通过测试，可帮助理解 TTL 门驱动能力问题及闲置输入端处理办法。输入端通过小电阻接地，该端相当于输入一个低电平；若输入端通过较大电阻接地，相当于输入一个高电平。请尝试从理论上分析为何可以得此结论。

2) TTL 门电路输出端直接相连时电流的测量

普通门电路的输出端，在不能保证输出状态完全相同时是不能并联(即线与)的，所以图 1.1.14 的接法是不允许的。若 G_1 输出高电平，G_2 输出低电平，则有较大的电流流过这两个门的输出级，使电路损坏。因为该接法输出端存在较大电流，可在 G_1 或 G_2 门输出端加一个保护电阻测量其电流。请尝试从理论上分析其存在较大电流的原因。

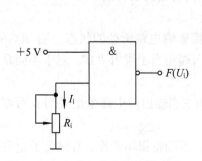

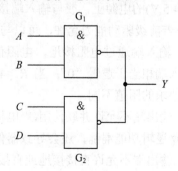

图 1.1.13　与非门负载特性测试图　　图 1.1.14　门电路输出端直接相连的错误接法

六、思考题

(1) 你所测试并绘制的电压传输特性曲线有何特点？试分析其原因。

(2) 与你周围同学的测试结果进行比较，你们的数据可能有一定的差别，但只要在一定的范围内都是正确的，试分析数据不同的原因。

(3) TTL 与非门闲置输入端应如何处理？或门、或非门、与或非门闲置输入端应如何处理？

(4) 什么是"线与"？普通 TTL 门电路为什么不能进行"线与"？

(5) 测量扇出系数 N_O 的原理是什么？

七、实验报告要求

(1) 记录实验测得的门电路参数，整理实验结果，并对结果进行分析。

(2) 画出实测的电压传输特性曲线，并从中读出各有关参数值。

(3) 自行查阅有关 74LS20 的电气参数。

(4) 回答思考题提出的问题。

(5) 列表格整理实验数据。

知识拓展 1　TTL 集成电路的使用规则

(1) 接插集成块时，要认清定位标记，不得插反。

(2) 电源电压使用范围为 +4.5～+5.5 V，实验中要求使用 V_{CC} = +5 V。电源极性绝对不允许接错。

(3) 闲置输入端处理方法。

① 悬空，相当于正逻辑"1"。对于一般小规模集成电路的数据输入端，实验时允许悬空处理，但易受外界干扰，导致电路的逻辑功能不正常。因此，对于接有长线的输入端、中规模以上的集成电路和使用集成电路较多的复杂电路，所有控制输入端必须按逻辑要求接入电路，不允许悬空。

② 直接接电源电压 V_{CC}(也可以串入一只 1～10 kΩ 的固定电阻)或接至某一固定电压 (+2.4～4.5 V)的电源上，或与输入端接地的闲置与非门的输出端相接。

③ 若前级驱动能力允许，可以与使用的输入端并联。

(4) 输入端通过电阻接地，电阻值的大小将直接影响电路所处的状态。当 $R \leqslant 680\ \Omega$ 时，输入端相当于逻辑"0"；当 $R \geqslant 4.7$ kΩ 时，输入端相当于逻辑"1"。对于不同系列的器件，要求的阻值不同。

(5) 输出端不允许并联使用(集电极开路门 OC 和三态输出门电路 TSL 除外)，否则不仅会使电路逻辑功能混乱，还会导致器件损坏。

(6) 输出端不允许直接接地或直接接 +5 V 电源，否则将损坏器件。有时为了使后级电路获得较高的输出电平，允许输出端通过电阻 R 接至 V_{CC}，一般取 R = 3～5.1 kΩ。

知识拓展2　TTL各系列集成门电路主要性能指标

(1) 电路的关态指电路的输出管处于截止工作状态时的电路状态，此时在电路输出端可得到 $V_O = V_{OH}$，电路输出高电平。

(2) 电路的开态指电路的输出管处于饱和工作状态时的电路状态，此时在电路输出端可得到 $V_O = V_{OL}$，电路输出低电平。

(3) 电路的电压传输特性指电路的输出电压 V_O 随输入电压 V_i 的变化而变化的性质或关系(可用曲线表示，与晶体管电压传输特性相似)。

(4) 输出高电平 V_{OH} 指与非门电路输入端中至少一个接低电平时的输出电平。

(5) 输出低电平 V_{OL} 指与非门电路输入端全部接高电平时的输出电平。

(6) 开门电平 V_{ON} 为保证输出为额定低电平时的最小输入高电平(V_{IHmin})。

(7) 关门电平 V_{OFF} 为保证输出为额定高电平时的最大输入低电平(V_{ILmax})。

(8) 逻辑摆幅 V_L 为输出电平的最大变化区间，$V_L = V_{OH} - V_{OL}$。

(9) 过渡区宽度 V_W 为输出不确定区域(非静态区域)宽度，$V_W = V_{IHmin} - V_{ILmax}$。

(10) 低电平噪声容限 V_{NML} 指输入低电平时，所容许的最大噪声电压。其表达式为

$$V_{NML} = V_{ILmax} - V_{ILmin} = V_{ILmax} - V_{OL}(实用电路)$$

(11) 高电平噪声容限 V_{NMH} 指输入高电平时，所容许的最大噪声电压。其表达式为

$$V_{NMH} = V_{IHmax} - V_{IHmin} = V_{OH} - V_{IHmin}(实用电路)$$

(12) 电路的带负载能力(电路的扇出系数)指在保证电路的正常逻辑功能时，该电路最多可驱动的同类门个数。对门电路来讲，输出有两种稳定状态，即应同时考虑电路开态的带负载能力和电路关态的带负载能力。

(13) 输入短路电流 I_{IL} 指电路被测输入端接地，而其他输入端开路时，流过接地输入端的电流。

(14) 输入漏电流(拉电流，高电平输入电流，输入交叉漏电流)I_{IH} 指电路被测输入端接高电平，而其他输入端接地时，流过接高电平输入端的电流。

(15) 静态功耗指某稳定状态下消耗的功率，是电源电压与电源电流的乘积。电路有两个稳态，则有导通功耗和截止功耗，电路静态功耗取两者平均值，称为平均静态功耗。

(16) 瞬态延迟时间 t_d 指从输入电压 V_I 上跳到输出电压 V_O 开始下降的时间间隔(Delay，延迟)。

(17) 瞬态下降时间 t_f 指输出电压 V_O 从高电平 V_{OH} 下降到低电平 V_{OL} 的时间间隔(Fall，下降)。

(18) 瞬态存储时间 t_s 指从输入电压 V_I 下跳到输出电压 V_O 开始上升的时间间隔(Storage，存储)。

(19) 瞬态上升时间 t_r 指输出电压 V_O 从低电平 V_{OL} 上升到高电平 V_{OH} 的时间间隔(Rise，上升)。

(20) 瞬态导通延迟时间 t_{pHL}(实用电路)指从输入电压上升沿中点到输出电压下降沿中点所需要的时间。

(21) 瞬态截止延迟时间 t_{pLH}(实用电路)指从输入电压下降沿中点到输出电压上升沿中点所需要的时间。

(22) 平均传输延迟时间 t_{pd} 为瞬态导通延迟时间 t_{pHL} 和瞬态截止延迟时间 t_{pLH} 的平均值，是讨论电路瞬态的实用参数。

实验 1.2　组合逻辑电路的设计与测试

组合逻辑电路是指在任何时刻，输出状态只决定于同一时刻各输入状态的组合，而与电路以前状态无关，与其他时间的状态无关。组合逻辑电路的设计和测试是数字逻辑电路实验中一个重要的实验。根据给定的实际逻辑问题，设计出实现这一逻辑功能的最简单逻辑电路，这是设计组合逻辑电路时要完成的工作。本次实验重点掌握利用不同门设计组合逻辑电路以及对组合逻辑电路进行测试。

一、实验目的

(1) 掌握不同门电路的逻辑功能。

(2) 掌握组合逻辑电路的设计与测试方法。

二、实验原理

1. 组合逻辑电路的设计步骤

使用中、小规模集成电路来设计组合电路是最常见的逻辑电路设计方法。设计组合逻辑电路的一般步骤如图 1.2.1 所示。

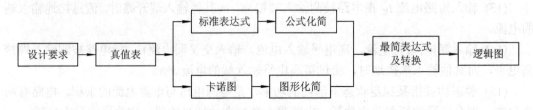

图 1.2.1　组合逻辑电路设计流程图

根据设计任务的要求建立输入、输出变量，并列出真值表。然后用逻辑代数或卡诺图化简法求出简化的逻辑表达式，并按要求选用逻辑门的类型修改逻辑代数式。根据简化后的逻辑表达式，画出逻辑图，用标准器件构成逻辑电路。最后，用实验来验证设计的正确性。

2. 组合逻辑电路设计举例

用"与非"门设计一个裁决表决电路。当 4 个裁决中有 3 个或 4 个同意时，即为"1"时，输入结果被认可，即输出端才为"1"。

设计步骤：根据题意确定输入变量为 D、A、B、C，输出变量为 Z，列出真值表如表 1.2.1 所示，再填入卡诺表中(见表 1.2.2)。

表 1.2.1　真　值　表

D	0	0	0	0	0	0	0	0	1	1	1	1	1	1	1	1
A	0	0	0	0	1	1	1	1	0	0	0	0	1	1	1	1
B	0	0	1	1	0	0	1	1	0	0	1	1	0	0	1	1
C	0	1	0	1	0	1	0	1	0	1	0	1	0	1	0	1
Z	0	0	0	0	0	0	0	1	0	0	0	1	0	1	1	1

由卡诺表得出逻辑表达式，并演化成"与非"的形式，即

$$Z = ABC + BCD + ACD + ABD = \overline{\overline{ABC} \cdot \overline{BCD} \cdot \overline{ACD} \cdot \overline{ABD}}$$

表 1.2.2　卡　诺　表

BC＼DA	00	01	11	10
00				
01			1	
11		1	1	1
10			1	

根据逻辑表达式画出用"与非"门构成的逻辑电路如图 1.2.2 所示。

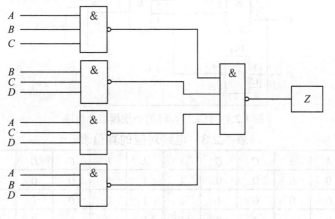

图 1.2.2　表决电路逻辑图

用实验验证逻辑功能：按图 1.2.2 接线，输入端 A、B、C、D 接至逻辑开关输入端口，输出端 Z 接逻辑电平显示输入端口，按真值表要求，逐次改变输入变量，测量相应的输出值，验证逻辑功能，与表 1.2.1 进行比较，验证所设计的逻辑电路是否符合要求。

3. 组合逻辑电路调试方法举例

在本节中通过如图 1.2.3 所示的由门电路实现的一个小规模组合电路为例来说明电路安装调试及故障排除的方法与过程。

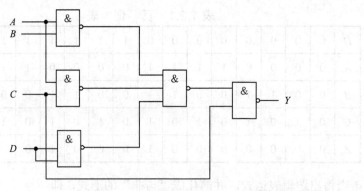

图 1.2.3　小规模组合电路

通过查芯片手册，得到 74LS00 中有 4 个 2 输入的与非门，74LS20 中有 2 个 4 输入的与非门。故选择使用一个 74LS00、一个 74LS20。图 1.2.3 所示逻辑图不能反映出芯片的引脚排列和接法，所以实验前查阅芯片手册，在原理图上加上文字说明及数字标号，作为实验接线的依据，如图 1.2.4 所示。U_1 代表 74LS00，U_2 代表 74LS20。在每个门的输入、输出端标注使用器件的引脚。根据图 1.2.4 所示电路在实验箱上搭接导线，信号 A、B、C、D 由实验箱上的逻辑开关提供，以获得所需的逻辑电平输入；输出端 Y 连接到逻辑电平指示灯上，用于观察输出电平的变化。测试输入变量各种情况下的输出，列出真值表，见表 1.2.3。

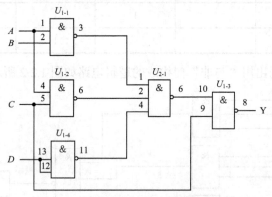

图 1.2.4　有文字标注的小规模组合电路

表 1.2.3　电路对应的真值表

A	B	C	D	Y	A	B	C	D	Y
0	0	0	0	1	1	0	0	0	1
0	0	0	1	1	1	0	0	1	1
0	0	1	0	1	1	0	1	0	0
0	0	1	1	0	1	0	1	1	0
0	1	0	0	1	1	1	0	0	1
0	1	0	1	1	1	1	0	1	1
0	1	1	0	1	1	1	1	0	0
0	1	1	1	0	1	1	1	1	0

如果测试图 1.2.4 所示电路时，某种输入下的输出与原理分析有悖，则要排除故障。对于组合电路，可根据逻辑表达式或真值表由前向后逐级检查，但更快的检查方法应该是由

后向前逐级检查。

现在人为制造一个故障点，如将 U_{1-4} 的 11 脚与 U_{2-1} 的 4 脚断开。下面介绍故障排除的一般流程。将输入逻辑开关置在 0011 状态，根据逻辑图的分析，此时输出指示灯应为熄灭状态，但指示灯却是亮的。用逻辑笔首先检查三个芯片的电源引脚是否供电稳定，排除电源的问题后。用逻辑笔从后向前测各点的电平并与理论值比较。最后一级与非门输出应为 0，根据"有低出高，全高出低"原则检查 U_{1-3} 的 9 脚、10 脚是否为 1，会发现 U_{1-3} 的 10 脚出现错误的 0，从而导致结果错误。那么这个错误的 0 信号是什么原因造成的呢？再顺藤摸瓜去检查 U_{2-1} 的 6 脚是什么状态，如果 U_{2-1} 的 6 脚也是 0，还要向前找问题(如果 U_{2-1} 的 6 脚是 1，就要检查 U_{2-1} 的 6 脚到 U_{1-3} 的 10 脚间的导线是否插错位置，或者断线)。检查 U_{2-1} 的三个输入端 1 脚、2 脚、4 脚的状态，根据理论分析，此时的 U_{2-1} 的 1 脚为 1，U_{2-1} 的 2 脚为 1，U_{2-1} 的 4 脚为 0。用逻辑表分别测量芯片的三个引脚，发现 1 脚和 2 脚均是 1，而 4 脚是 0，再向前检查 U_{1-4} 的 11 脚，发现该引脚状态正常，则缩小范围，问题是在 U_{1-4} 的 11 脚到 U_{2-1} 的 4 脚连线上，可能是断线、漏接、错接，或者接触不良，造成此两点间不能正常导通。把该导线重新接好，则故障排除，电路就能够正常工作了。

注意：如果向前检查到第一级的输入，都没有找到问题，还应继续检查逻辑开关的输出状态。

三、实验预习要求

(1) 根据实验任务要求设计组合电路，并根据所给的标准器件画出逻辑图。

(2) 如何用最简单的方法验证"与"、"或"、"非"门的逻辑功能是否完好。

四、实验仪器与器件

(1) 数字电路实验台、数字示波器各一台。

(2) 芯片：74LS00、74LS02、74LS04、74LS08、74LS20、74LS86 各一片。

五、实验内容

(1) 用 2 输入异或门和与非门设计一个路灯控制电路。

设计要求：当总电源开关闭合时，安装在 3 个不同地方的 3 个开关都能独立地控制灯的亮或灭；当总电源开关断开时，路灯不亮。

(2) 用与非门设计一个十字路口交通信号灯控制电路。

设计要求：南北方向为主通道，东西方向为次通道，只有当南北方向无车时，东西方向的车辆才允许通行，但在任何方向出现特殊情况时(如警车)，应优先通行。

(3) 用与非门设计一个 4 位代码的数字锁。

设计要求：设 A、B、C、D 是 4 位代码的输入端，E 是开锁用的钥匙插孔输入端。当开锁密码正确($E = 1$)时，则被打开(输入信号为 1)；当密码错误时，则无输出($Y = 0$)；当 $E = 0$ 时，密码失效。

(4) 设计一个一位全加器。

设计要求：用异或门、与门、或门组成。

(5) 设计一个对两个两位无符号的二进制数进行比较的电路。

设计要求：根据第一个数是否大于、等于、小于第二个数，使相应的 3 个输入端中的一个输出为 "1"，要求用与门、与非门及或非门实现。

六、思考题

(1) 表决电路若改用或非门电路要做如何变化？试设计该电路。
(2) 在逻辑门中，当某一组与端不用时，应做如何处理？

七、实验报告要求

(1) 列出实验任务的设计过程，画出设计的电路图。
(2) 对所设计的电路进行实验测试，记录测试结果。
(3) 总结组合电路调试体会。

实验 1.3 数据选择器及其应用

数据选择器是根据给定的输入地址代码，从一组输入信号中选出指定的一个送至输出端的组合逻辑电路。数据选择器的用途很多，例如多通道传输，数码比较，并行码变串行码，以及实现逻辑函数等。本次实验主要掌握数据选择器的功能和使用方法及应用。

一、实验目的

(1) 掌握数据选择器的逻辑功能及测试方法。
(2) 学会用数据选择器构成组合逻辑电路的方法及实现组合逻辑函数。
(3) 掌握数据选择器的基本应用。

二、实验原理

数据选择器又叫"多路开关"。数据选择器在地址码(或叫选择控制)电位的控制下，从几个数据输入中选择一个并将其送到一个公共的输出端。数据选择器的功能类似一个多掷开关，如图 1.3.1 所示，图中有四路数据 $D_0 \sim D_3$，通过选择控制信号 A_1、A_0(地址码)从四路数据中选中某一路数据送至输出端 Y 的 4 选 1 数据选择器，等效电路图如图 1.3.2 所示。

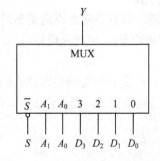

图 1.3.1 4 选 1 数据选择器的逻辑符号

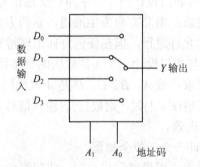

图 1.3.2 4 选 1 数据选择器等效电路图

数据选择器为目前逻辑设计中应用十分广泛的逻辑部件，它有 2 选 1、4 选 1、8 选 1、16 选 1 等类别。

1. 双 4 选 1 数据选择器 74LS153

所谓双 4 选 1 数据选择器就是在一块集成芯片上有两个 4 选 1 数据选择器。74LS153 引脚排列如图 1.3.3 所示，$1\overline{S}$、$2\overline{S}$ 为两个独立的使能端；A_1、A_0 为公用的地址输入端；$1D_0 \sim 1D_3$ 和 $2D_0 \sim 2D_3$ 分别为两个 4 选 1 数据选择器的数据输入端；$1Y$、$2Y$ 为两个输出端。

74LS153 的功能如表 1.3.1 所示，当使能端 $1\overline{S}$（$2\overline{S}$）$=1$ 时，多路开关被禁止，无输出，$Y=0$。当使能端 $1\overline{S}$（$2\overline{S}$）$=0$ 时，多路开关正常工作，根据地址码 A_1、A_0 的状态，将相应的数据 $D_0 \sim D_3$ 送到输出端 Y。例如：$A_1A_0=00$，则选择 D_0 数据到输出端，即 $Y=D_0$。$A_1A_0=01$ 则选择 D_1 数据到输出端，即 $Y=D_1$，其余类推，可以得到其他地址状态的电路输出。

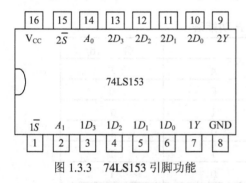

图 1.3.3　74LS153 引脚功能

表 1.3.1　74LS153 功能表

输		入	输出
$\overline{S}$	A_1	A_0	Y
1	×	×	0
0	0	0	D_0
0	0	1	D_1
0	1	0	D_2
0	1	1	D_3

2. 8 选 1 数据选择器 74LS151

74LS151 为互补输出的 8 选 1 数据选择器，引脚排列如图 1.3.4 所示，功能表如表 1.3.2 所示。

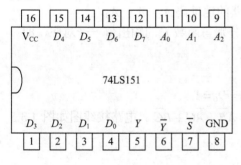

图 1.3.4　74LS151 引脚排列

表 1.3.2　74LS151 功能表

输		入		输	出
$\overline{S}$	A_2	A_1	A_0	Y	$\overline{Y}$
1	×	×	×	0	1
0	0	0	0	D_0	$\overline{D_0}$
0	0	0	1	D_1	$\overline{D_1}$
0	0	1	0	D_2	$\overline{D_2}$
0	0	1	1	D_3	$\overline{D_3}$
0	1	0	0	D_4	$\overline{D_4}$
0	1	0	1	D_5	$\overline{D_5}$
0	1	1	0	D_6	$\overline{D_6}$
0	1	1	1	D_7	$\overline{D_7}$

选择控制端（地址端）为 $A_2 \sim A_0$，按二进制译码，从 8 个输入数据 $D_0 \sim D_7$ 中，选择一个需要的数据送到输出端 Y，$\overline{S}$ 为使能端，低电平有效。使能端 $\overline{S}=1$ 时，不论 $A_2 \sim A_0$ 状态如何，均无输出（$Y=0$，$\overline{Y}=1$），多路开关被禁止。

使能端 $\overline{S}=0$ 时，多路开关正常工作，根据地址码 A_2、A_1、A_0 的状态选择 $D_0 \sim D_7$ 中

某一个通道的数据送到输出端 Y，如 $A_2A_1A_0 = 000$，则选择 D_0 数据到输出端，即 $Y = D_0$；$A_2A_1A_0 = 001$，则选择 D_1 数据到输出端，即 $Y = D_1$，其余类推。

数据选择器的用途很多，例如多通道传输，数码比较，并行码变串行码，以及实现逻辑函数等。在计算机数字控制装置和数字通信系统中，往往要求将并行形式的数据转换成串行的形式，若用数据选择器就能很容易地完成这种转换。只要将欲变换的并行码送到数据选择器的信号输入端，使组件的控制信号按一定的编码(如二进制编码)顺序依次变化，则在输出端可获得串行码输出。使用数据选择器设计实现组合逻辑电路方法见例 1.3.1。

例 1.3.1 用 8 选 1 数据选择器 74LS151 实现函数 $F = A\overline{B} + \overline{A}C + B\overline{C}$。

采用 8 选 1 数据选择器 74LS151 可实现任意三输入变量的组合逻辑函数。

作出函数 F 的功能表，如表 1.3.3 所示，将函数 F 的功能表与 8 选 1 数据选择器的功能表相比较，可知：

表 1.3.3　函数 F 功能表

输　　入			输　　出
C	B	A	F
0	0	0	0
0	0	1	1
0	1	0	1
0	1	1	1
1	0	0	1
1	0	1	1
1	1	0	1
1	1	1	0

(1) 将输入变量 C，B，A 作为 8 选 1 数据选择器的地址码 A_2，A_1，A_0。

(2) 使 8 选 1 数据选择器的各数据输入 $D_0 \sim D_7$ 分别与函数 F 的输出值一一对应，即

$$A_2A_1A_0 = CBA$$
$$D_0 = D_7 = 0$$
$$D_1 = D_2 = D_3 = D_4 = D_5 = D_6 = 1$$

则 8 选 1 数据选择器的输出端 Y 便实现了函数 $F = A\overline{B} + \overline{A}C + B\overline{C}$。电路接线图如图 1.3.5 所示。

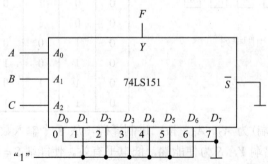

图 1.3.5　用 8 选 1 数据选择器实现 $F = A\overline{B} + \overline{A}C + B\overline{C}$

显然，采用具有 n 个地址端的数据选择实现 n 变量的逻辑函数时，应将函数的输入变量加到数据选择器的地址端(A)，选择器的输入端(D)按次序以函数 F 输出值来赋值。

例 1.3.2 用 4 选 1 数据选择器 74LS153 实现函数 $F = \overline{A}BC + A\overline{B}C + AB\overline{C} + ABC$。

函数 F 的功能表如表 1.3.4 所示。

函数 F 有 3 个输入变量 A、B、C，而数据选择器有两个地址端 A_1、A_0 少于函数输入变量个数，在设计时可任选 A 接 A_1，B 接 A_0。

将函数功能表改画成表 1.3.5 形式，可见当输入变量 A、B、C 中，B、A 接选择器的地址端 A_1、A_0 时，由表 1.3.5 不难看出 $D_0 = 0$，$D_1 = D_2 = C$，$D_3 = 1$，则 4 选 1 数据选择器的输出，便实现了函数 $F = \overline{A}BC + A\overline{B}C + AB\overline{C} + ABC$。电路接线图如图 1.3.6 所示。

表 1.3.4 函数 F 功能表

输　入			输出
A	B	C	F
0	0	0	0
0	0	1	0
0	1	0	0
0	1	1	1
1	0	0	0
1	0	1	1
1	1	0	1
1	1	1	1

表 1.3.5 改画的函数 F 功能表

输　入			输出	选中数据端
A	B	C	F	
0	0	0	0	$D_0=0$
		1	0	
0	1	0	0	$D_1=C$
		1	1	
1	0	0	0	$D_2=C$
		1	1	
1	1	0	1	$D_3=1$
		1	1	

当函数输入变量大于数据选择器地址端(A)时，可能随着选用函数输入变量作地址的方案不同，而使其设计结果不同，需对几种方案比较，以获得最佳方案。

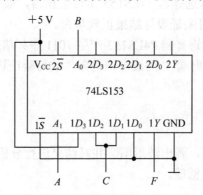

图 1.3.6 用 4 选 1 数据选择器实现 $F = \overline{A}BC + A\overline{B}C + AB\overline{C} + ABC$

三、实验预习要求

(1) 认真阅读实验指导书，掌握相关原理。

(2) 复习数据选择器的工作原理。

(3) 熟悉实验中所用数据选择器集成电路的管脚排列和逻辑功能。

四、实验仪器与器件

(1) 数字电路实验台、数字示波器各一台。

(2) 芯片：74LS151、74LS153、74LS00、74LS20 各一片。

五、实验内容

(1) 测试 74LS153 双 4 选 1 数据选择器的逻辑功能。

74LS153 双 4 选 1 数据选择器的地址端、数据输入端、使能端接逻辑开关，输出端接电平指示器，按功能表逐项进行验证。

(2) 用 4 选 1 数据选择器 74LS153 扩展出 8 选 1 数据选择器，并设计出一个奇偶校验电路。

(3) 用 74LS153 构成三变量表决器电路。

提示：先用双 4 选 1 扩展成 8 选 1，然后实现三变量表决器电路，测试其逻辑功能记录结果。

(4) 用 74LS153 及少量门电路构成全加器的电路图并测试其逻辑功能。

全加器和数及向高位进位数的逻辑方程为

$$S_n = \overline{A}\,\overline{B}C_{n-1} + \overline{A}B\overline{C}_{n-1} + A\overline{B}\,\overline{C}_{n-1} + ABC_{n-1}$$

$$C_n = \overline{A}BC_{n-1} + A\overline{B}C_{n-1} + AB\overline{C}_{n-1} + ABC_{n-1}$$

六、思考题

(1) 能否用双 4 选 1 数据选择器 74LS153 实现全加器，如果可以，试写出设计过程，画出逻辑接线图，有条件的可验证设计结果正确与否。

(2) 如何用双 4 选 1 数据选择器 74LS153 产生 1011 序列信号，写出设计过程，画出逻辑电路图，描绘 A_1、A_0 及输出端 Y 的波形，有条件的可验证设计结果正确与否(注意：地址端应为连续脉冲信号)。

七、实验报告

(1) 记录、整理实验结果，画出波形图，并对结果进行分析。

(2) 归纳数据选择器工作原理。

(3) 回答思考题中的问题。

实验 1.4   编码器及其应用

编码器是能实现编码功能的逻辑电路，它能把每一个高低电平信号编成一个对应的二进制代码。本次实验主要掌握编码、编码器、优先编码的概念以及二进制编码器的逻辑功能和设计方法。

一、实验目的

(1) 掌握编码、编码器、优先编码的概念和设计方法。

(2) 掌握一种门电路组成编码器的方法。

(3) 掌握 8 线-3 线优先编码器 74LS148、10 线-4 线优先编码器 74LS147 的功能。

(4) 学会将 8 线-3 线编码器扩展成 16 线-4 线编码器。

二、实验原理

1. 编码器的基本概念及工作原理

编码是指将特定含义的输入信号(文字、数字、符号)转换成二进制代码的过程。能够实现编码功能的数字电路称为编码器。一般而言，N 个不同的信号，至少需要 n 位二进制数编码，N 和 n 之间满足关系为 $2^n \geq N$。编码器的逻辑功能是将输入信号中的一个有效信号变换成相应的一组二进制代码输出。

逻辑功能：把输入的每一个高低电平分别变成与之对应的二进制代码。

普通编码器：任何时刻只允许输入一个编码信号，否则输出将发生混乱。

优先编码器：当多个输入同时有信号时，电路只对其中优先级别最高的信号进行编码。在优先编码器中优先级别高的信号排斥级别低的，即具有单方面排斥的特性。优先编码器定义了所有输入信号的优先级别。当多个输入信号同时有效时，优先编码器输出的是对应优先权最高的信号编码值。

编码器的功能与译码器正相反，它是将一组信号表示为一组二进制码。编码器有 M 个输入，N 个输出，满足关系式 $M \geq 2^N$。M 个输入中应该只有一个为 1(有效)，其余为 0(无效)，或相反。N 个输出的状态构成与输入对应的二进制编码。

图 1.4.1 是一个最简单的 4 输入、两位二进制码输出的编码器逻辑原理图，图 1.4.2 是 4 线-2 线编码器的逻辑图，表 1.4.1 是它的功能表。

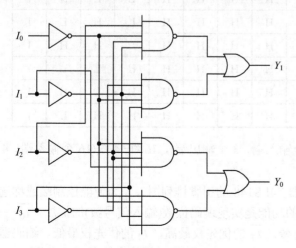

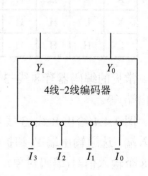

图 1.4.1　4 线-2 线编码器逻辑原理图　　　　图 1.4.2　4 线-2 线编码器的逻辑图

表 1.4.1 4 线-2 线编码器功能表

$\overline{I_3}$	$\overline{I_2}$	$\overline{I_1}$	$\overline{I_0}$	Y_1	Y_0
0	1	1	1	1	1
1	0	1	1	1	0
1	1	0	1	0	1
1	1	1	0	0	0

实际设计编码器时，一般应考虑"优先级"问题，借以处理输入不止一个有效的情形，通常以下标最大的输入为准。表 1.4.1 是考虑优先级后的 4 线-2 线编码器的功能表。集成电路带优先级的编码器有 74LS147(二-十进制优先编码器、0 编码有效、输出 8421BCD 反码 10 线-4 线(实为 9 线-4 线)、没有 I_0 端，当 $I_1 \sim I_9$ 全为 1 时，输出 0000 的反码 1111)，74LS148(8 线-3 线优先编码器、0 编码有效、输出三位二进制反码)等。

10 线-4 线优先编码器 74LS147 的输出为 8421BCD 码，它的逻辑图如图 1.4.2 所示，其功能表见表 1.4.2。

图 1.4.3 74LS147 逻辑图

表 1.4.2 优先编码器 74LS147 功能表

输　入									输　出				
1	2	3	4	5	6	7	8	9	D	C	B	A	GS
H	H	H	H	H	H	H	H	H	H	H	H	H	0
X	X	X	X	X	X	X	X	L	L	H	H	L	1
X	X	X	X	X	X	X	L	H	L	H	H	H	1
X	X	X	X	X	X	L	H	H	H	L	L	L	1
X	X	X	X	X	L	H	H	H	H	L	L	H	1
X	X	X	X	L	H	H	H	H	H	L	H	L	1
X	X	X	L	H	H	H	H	H	H	L	H	H	1
X	X	L	H	H	H	H	H	H	H	H	L	L	1
X	L	H	H	H	H	H	H	H	H	H	L	H	1
L	H	H	H	H	H	H	H	H	H	H	H	L	1

常见的编码器有 8 线-3 线(有 8 个输入端，3 个输出端)，16 线-4 线(16 个输入端，4 个输出端)等。

图 1.4.4 给出 8 线-3 线优先编码器 74LS148 的引脚排列图。$\overline{S}$ 为使能控制端或称选通输入端。选通输出端 Y_S 和扩展端 $\overline{Y}_{EX}$ 的功能是实现编码位数(输入信号数)的扩展。$\overline{I_0} \sim \overline{I_7}$ 是 8 个输入信号(编码对象)，低电平有效。$\overline{I_7}$ 的优先权最高，$\overline{I_0}$ 的优先权最低。编码器输出的是三位二进制代码，用 $\overline{Y_2}\ \overline{Y_1}\ \overline{Y_0}$ 表示。表 1.4.3 为 8 线-3 线优先编码器的真值表。

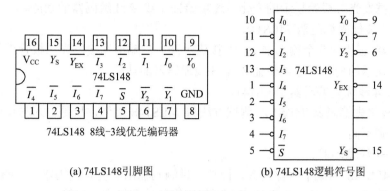

(a) 74LS148引脚图　　　　　(b) 74LS148逻辑符号图

图 1.4.4　74LS148 引脚和符号图

在 $\overline{S}$ = "0" 时，编码器允许工作。当 $\overline{I_0} \sim \overline{I_7}$ 8 个输入中有 "0" 时，输出一组优先权最高的有效输入所对应的二进制代码。比如当 $\overline{S} = \overline{I_1} = \overline{I_3} = \overline{I_4} = \overline{I_6}$ = "0" 时，$\overline{I_6}$ 的优先权最高，输出 $\overline{Y_2}\,\overline{Y_1}\,\overline{Y_0}$ = "001"（见表 1.4.3 第 4 行）。

表 1.4.3　8 线-3 线优先编码器功能表

	输			入					输		出		
$\overline{S}$	$\overline{I_0}$	$\overline{I_1}$	$\overline{I_2}$	$\overline{I_3}$	$\overline{I_4}$	$\overline{I_5}$	$\overline{I_6}$	$\overline{I_7}$	$\overline{Y_2}$	$\overline{Y_1}$	$\overline{Y_0}$	Y_{EX}	Y_S
1	F	F	F	F	F	F	F	F	1	1	1	1	1
0	1	1	1	1	1	1	1	1	1	1	1	1	0
0	F	F	F	F	F	F	F	0	0	0	0	0	1
0	F	F	F	F	F	F	0	1	0	0	1	0	1
0	F	F	F	F	F	0	1	1	0	1	0	0	1
0	F	F	F	F	0	1	1	1	0	1	1	0	1
0	F	F	F	0	1	1	1	1	1	0	0	0	1
0	F	F	0	1	1	1	1	1	1	0	1	0	1
0	X	0	1	1	1	1	1	1	1	1	0	0	1
0	0	1	1	1	1	1	1	1	1	1	1	0	1

2. 优先编码器 74LS148 的应用

74LS148 编码器的应用是非常广泛的。例如，常用计算机键盘，其内部就是一个字符编码器。它将键盘上的大、小写英文字母和数字及符号还包括一些功能键(回车、空格)等编成一系列的七位二进制数码，送到计算机的中央处理单元 CPU，然后再进行处理、存储、输出到显示器或打印机上。还可以用 74LS148 编码器监控炉罐的温度，若其中任何一个炉温超过标准温度或低于标准温度，则检测传感器输出一个 0 电平到 74LS148 编码器的输入端，编码器编码后输出三位二进制代码到微处理器进行控制。

三、实验内容

(1) 4 线-2 线编码器。

按图 1.4.1 接线，将输出端 Y_0、Y_1 分别接两个发光二极管，输入端接逻辑开关，拨动逻辑开关，根据发光二极管显示的变化，逐项验证 4 线-2 线编码器的功能。

(2) 8 线-3 线优先编码器 74LS148。

将 74LS148 芯片的八个输入端 $I_0 \sim I_7$ 接逻辑开关，输出端接发光二极管进行显示，根据发光二极管显示的变化，逐项验证 8 线-3 线编码器的功能。

(3) 10 线-4 线优先编码器 74LS147。

10 线-4 线优先编码器 74LS147 测试方法与 74LS148 类似，只是输入与输出脚的个数不同，功能引脚不同。

(4) 16 线-4 线编码器。

用两块 74LS148 组成十六位输入、四位二进制码输出的优先编码器，按图 1.4.5 的逻辑图连线，并验证它的功能，输入输出分别接逻辑开关和发光二极管。

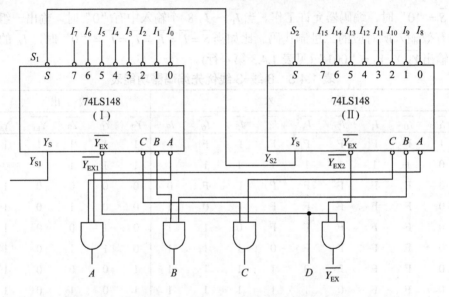

图 1.4.5　16 线-4 线优先编码器原理图

四、实验预习要求

(1) 根据实验内容要求写预习报告。

(2) 熟悉 74LS147、74LS148 等芯片的管脚功能及功能表。说明 74LS148 使能控制端 S、选通输出端 Y_S 和扩展端 Y_{EX} 的作用。

(3) 分析 16 线-4 线优先编码器的工作原理，并自制表格，根据实验结果完成 16 线-4 线优先编码器的功能表。

(4) 4 线-2 线编码器中，当 I_0 为 1、$I_1 \sim I_3$ 都为 0 和 $I_0 \sim I_3$ 均为 0 时，输出 $Y_1 Y_0$ 均为 00，这两种情况如何加以区分？

五、实验仪器和器件

(1) 双踪示波器、数字电路实验台各一台。

(2) 芯片：74LS148 两片，74LS04、74LS08、74LS32、74LS00、74LS147 各一片。

六、思考题

(1) 举例说明编码器用途。

(2) 举例说明本实验在实际生活中的应用。

七、实验报告

(1) 记录实验测试结果，并分析实验过程中出现的问题。

(2) 写出实验电路的设计过程，并画出逻辑电路图。

(3) 完成思考题。

实验 1.5　译码器及其应用

译码器是一种实现译码功能的多输入、多输出组合逻辑电路，译码器在数字系统中有着广泛的用途，不仅用于代码的转换、终端的数字显示，还用于数据分配、存储器寻址和组合控制信号等，不同的用途可以选用不同功能的译码器。本次实验主要掌握变量译码器和显示译码器的功能和使用方法及应用。

一、实验目的

(1) 掌握译码器原理的逻辑功能及测试方法。

(2) 学会用译码器构成组合逻辑电路的方法及实现组合逻辑函数。

(3) 掌握译码器的基本应用。

二、实验原理

1. 译码器分类

在数字系统中，译码器是编码的逆过程，它是将输入代码"翻译"成特定的输出信号，实现译码功能的数字电路。需要把二进制代码或二-十进制代码(BCD 码)翻译成字符或十进制数字，并直接显示出来，或者翻译成控制信号去执行某些操作，这一"翻译"过程称之为译码。译码器通常可分为以下三类：

(1) 显示译码器：用来驱动各种显示器件，如 LED 数码管；

(2) 码制变换译码器：如 BCD 码到十进制码译码器，余三码、格雷码到 8421BCD 码译码器等均属于码制变换译码器；

(3) 变量译码器：也称二进制译码器，如 n 位二进制译码器，译码输入端有 n 个，输出端有 2^n，如 2 线-4 线译码器、3 线-8 线译码器、4 线-16 线译码器等集成译码器都属于此类。对于有 n 个输入变量的通用译码器，有 2^n 个不同的组合状态，就有 2^n 个输出端供其使用。而每一个输出所代表的函数对应 n 个输入变量的最小项。

2. 双 2 线-4 线译码器 74LS139

74LS139 是双 2 线-4 线译码器，引脚排列和逻辑符号如图 1.5.1 所示，其功能如表 1.5.1

所示。A_0、A_1 是地址输入端，$\overline{Y_0}$、$\overline{Y_1}$、$\overline{Y_2}$、$\overline{Y_3}$ 是输出端，$\overline{G}$ 是使能控制端(又称选通端)。当 $\overline{G} = 1$ 时，译码器禁止工作，四个输出端全为"1"；当 $\overline{G} = 0$ 时允许译码，译码输出如表 1.5.1 所示。

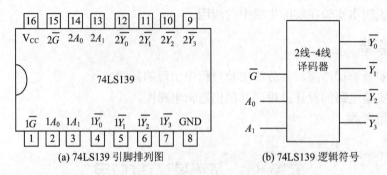

(a) 74LS139 引脚排列图   (b) 74LS139 逻辑符号

图 1.5.1   74LS139 的引脚及逻辑符号图

表 1.5.1   74LS139 功能表

输　入			输　出			
使能 $\overline{G}$	选择		$\overline{Y_0}$	$\overline{Y_1}$	$\overline{Y_2}$	$\overline{Y_3}$
	A_1	A_0				
1	×	×	1	1	1	1
0	0	0	0	1	1	1
0	0	1	1	0	1	1
0	1	0	1	1	0	1
0	1	1	1	1	1	0

注意： 由于输入为要编码的数据，A_1 为高位 A_0 为低位，A_1、A_0 每一位所代表的值不同，如 $A_1A_0 = 10$ 时 $\overline{Y_2}$ 为低电平，而 $A_1A_0 = 01$ 时 $\overline{Y_1}$ 为低电平。在接线时必须明确 A_1、A_0 输入开关的对应关系，输出 $\overline{Y_0} \sim \overline{Y_3}$ 与指示灯的对应关系，为了便于观察，A_1、A_0 开关和 $\overline{Y_0} \sim \overline{Y_3}$ 指示灯要有序排列。

3. 3 线-8 线译码器 74LS138

3 线-8 线译码器 74LS138 引脚排列和逻辑符号如图 1.5.2 所示。当一个选通端(G_1)为高

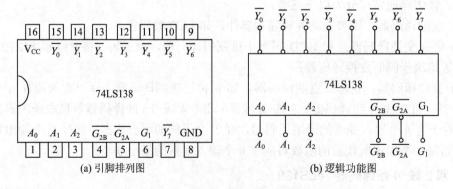

(a) 引脚排列图   (b) 逻辑功能图

图 1.5.2   3 线-8 线 74LS138 的引脚及符号

电平，另两个选通端 $\overline{G_{2A}}$ 和 $\overline{G_{2B}}$ 为低电平时，可将地址端(A_2、A_1、A_0)的二进制编码在一个对应的输出端以低电平译出。利用 G_1、$\overline{G_{2A}}$ 和 $\overline{G_{2B}}$ 可级联扩展成 4 线-16 线译码器；若外接一个反相器还可级联扩展成 5 线-32 线译码器。若将选通端中的一个作为数据输入端时，74LS138 还可作数据分配器。

其中 $A_2A_1A_0$ 为三个译码输入端，$\overline{Y_0} \sim \overline{Y_7}$ 为八个译码输出端，低电平有效。G_1，$\overline{G_{2A}}$，$\overline{G_{2B}}$ 为使能选通端。表 1.5.2 所示为 3 线-8 线译码器 74LS138 的功能表。

表 1.5.2　3 线-8 线译码器功能表

G_1	$\overline{G_{2A}}+\overline{G_{2B}}$	A_2	A_1	A_0	$\overline{Y_0}$	$\overline{Y_1}$	$\overline{Y_2}$	$\overline{Y_3}$	$\overline{Y_4}$	$\overline{Y_5}$	$\overline{Y_6}$	$\overline{Y_7}$
×	1	×	×	×	1	1	1	1	1	1	1	1
0	×	×	×	×	1	1	1	1	1	1	1	1
1	0	0	0	0	0	1	1	1	1	1	1	1
1	0	0	0	1	1	0	1	1	1	1	1	1
1	0	0	1	0	1	1	0	1	1	1	1	1
1	0	0	1	1	1	1	1	0	1	1	1	1
1	0	1	0	0	1	1	1	1	0	1	1	1
1	0	1	0	1	1	1	1	1	1	0	1	1
1	0	1	1	0	1	1	1	1	1	1	0	1
1	0	1	1	1	1	1	1	1	1	1	1	0

由表 1.5.2 可见，当 G_1 = "1"，$\overline{G_{2A}}+\overline{G_{2B}}$ = "0" 时，不论输入 A_2、A_1、A_0 为何状态，输出 $\overline{Y_0} \sim \overline{Y_7}$ 中有且仅有一个为有效电平"0"，有效输出端的下标序号与输入二进制码所对应的十进制数相同。

变量译码器除了实现译码功能外，还可以作为数据分配器使用。如果利用使能选通端中的一个输入串行数据信号，变量译码器就能实现数据分配功能。另外，变量译码器还可以用来方便地实现多输出逻辑函数。

4. 数码显示译码器

在一些数字系统中，不仅需要译码，而且需要把译码的结果显示出来。例如，在计数系统中，需要显示计数结果；在测量仪表中，需要显示测量结果。用显示译码器驱动显示器件，就可以达到数据显示的目的，目前广泛使用的显示器件是七段数码显示器。七段数码显示器由 $a \sim g$ 等七段可发光的线段合并成，控制各段的亮或灭，即可以显示不同的字符或者数字(见图 1.5.3)。七段数码显示器有半导体数码显示器和液晶显示器两种。

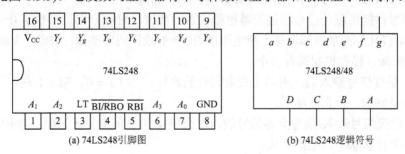

图 1.5.3　74LS248 引脚和符号图

(1) 七段发光二极管(LED)数码管。

LED 数码管是目前最常用的数字显示器，图 1.5.4(a)、(b)为共阴管和共阳管的电路，图 1.5.5 为两种不同出线形式的引出脚功能图。

一个 LED 数码管可用来显示一位 0～9 十进制数和一个小数点。小型数码管(0.5 寸和 0.36 寸)每段发光二极管的正向压降，随显示光(通常为红、绿、黄、橙色)的颜色不同略有差别，通常约为 2～2.5 V，每个发光二极管的点亮电流在 5～10 mA。LED 数码管要显示 BCD 码所表示的十进制数字就需要有一个专门的译码器，该译码器不但要完成译码功能，还要有相当的驱动能力。

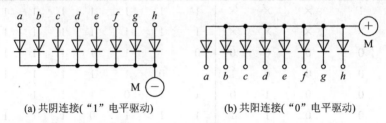

(a) 共阴连接("1"电平驱动)   (b) 共阳连接("0"电平驱动)

图 1.5.4　共阴管和共阳管的电路图

(2) LED 七段数码管的判别方法。

① 共阳共阴及好坏判别。先确定显示器的两个公共端，两者是相通的。这两端可能是两个地端(共阴极)，也可能是两个 V_{CC} 端(共阳极)，然后用万用表像判别普通二极管正、负极那样判断，即可确定出是共阳极管还是共阴极管，好坏也随之确定。

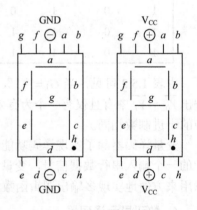

② 字段引脚判别。将共阴显示器接地端接电源 V_{CC} 的负极，V_{CC} 正极通过 400 Ω 左右的电阻接七段引脚之一，则根据发光情况可以判别出 a、b、c…等七段。对于共阳显示器，先将它的 V_{CC} 端接电源的正极，再将几百欧姆一端接地，另一端分别接显示器各字段引脚，则七段之一分别发光，从而判断之(见图 1.5.5)。

图 1.5.5　共阴显示器和共阳显示器

(3) BCD 码七段译码驱动器。

BCD 码译码驱动器型号有 74LS247(74LS47)(共阳)，74LS248(74LS48)(共阴)，CC4511(共阴)等，本次实验熟悉 74LS48 BCD 七段译码驱动器驱动共阴极 LED 数码管。74LS248(74LS48)的引脚排列如图 1.5.3(a)所示，A_3～A_0 是 8421 码输入端，Y_a～Y_g 是输出端，为七段显示器件提供驱动信号。显示器根据输入的数据，可以分别显示数字 0～9。

74LS248(74LS48)是内部带有上拉电阻的 BCD 七段译码驱动器；$ABCD$ 为输入端，a～g 为译码输出端，辅助控制端有三个：

① LT 是灯信号输入端，用以检查数码管的好坏，当 LT = 0、BI = 1 时，七段全亮，表明数码管是好的，否则是坏的。

② BI 熄灭信号输入端(与灭零信号输出端公用)，用于闪烁显示控制。当 BI = 0 时，不论其他输入是什么状态，七段全灭。

③ RBI 灭零信号输入端。当 RBI = 0，且输入 $DCBA$ = 0000 时，七段全灭，数码管不

显。RBO 灭零信号输出端，在多位显示电路中，它与 RBI 配合使用，可将整数部分的前面数位和小数部分的后面数位的零熄灭。

74LS248 七段显示译码器功能表(4 位 BCD 代码译成驱动七段数码管的信号)如表 1.5.3 所示。

表 1.5.3　七段显示译码器功能表

序号	输入							输出							字形
	LT	RBI	D	C	B	A	BI/RBO	a	b	c	d	e	f	g	
0	1	×	0	0	0	0	1	1	1	1	1	1	1	0	0
1	1	×	0	0	0	1	1	0	1	1	0	0	0	0	1
2	1	×	0	0	1	0	1	1	1	0	1	1	0	1	2
3	1	×	0	0	1	1	1	1	1	1	1	0	0	1	3
4	1	×	0	1	0	0	1	0	1	1	0	0	1	1	4
5	1	×	0	1	0	1	1	1	0	1	1	0	1	1	5
6	1	×	0	1	1	0	1	1	0	1	1	1	1	1	6
7	1	×	0	1	1	1	1	1	1	1	0	0	0	0	7
8	1	×	1	0	0	0	1	1	1	1	1	1	1	1	8
9	1	×	1	0	0	1	1	1	1	1	0	0	1	1	9
10	1	×	1	0	1	0	1	0	0	0	1	1	0	1	[
11	1	×	1	0	1	1	1	0	0	0	1	0	0	1	]
12	1	×	1	1	0	0	1	0	1	0	0	0	1	1	凵
13		×	1	1	0	1	1	1	0	0	0	0	1	1	[
14	1	×	1	1	1	0	1	0	0	0	1	1	1	1	−
15	1	×	1	1	1	1	1	0	0	0	0	0	0	0	暗
B1	×	×	×	×	×	×	0	0	0	0	0	0	0	0	暗
RBI	1	0	0	0	0	0	1	0	0	0	0	0	0	0	暗
LT	0	×	×	×	×	×	1	1	1	1	1	1	1	1	日

(4) 译码显示电路。

① 译码显示的实验电路如图 1.5.6 所示，74LS248 的译码输出端接共阴极数码管对应的段。为了检查数码显示器的好坏，使 LT = 0，其余为任意状态，这时数码管各段全部点亮。否则数码管是坏的。再用一根导线将 BI/RBO 接地，这时如果数码管全灭，说明译码显示是好的。

② 在图 1.5.6 中将 74LS248 的 *ABCD* 分别接数据开关，LT、RBI 和 BI/RBO 分别接逻辑高电平。改变数据开关的逻辑电平，在不同的输入状态下，将从数码管观察到字形。

③ 使 LT = 1，BI/RBO = 1，在 RBI 为 1 和 0 的情况下，使数码开关的输出为 0000，

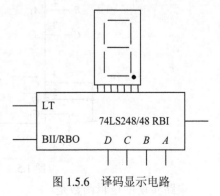

图 1.5.6　译码显示电路

观察灭零功能。

5. 译码器设计举例

例 1.5.1 利用二进制译码器实现数据分配。

利用译码器一个使能输入端输入数据信息，原译码器的输入作为地址线从而决定输入数据分配给哪个输出端，则译码器实际上也可作为输出数据分配器。以 74LS138 为例，若利用一个使能输入端 G_1 输入数据信息 $X(t)$，令 $\overline{G_{2A}} = \overline{G_{2B}} = 0$，则地址码($A_2$、$A_1$、$A_0$)所对应的输出端 Y 输出的就是送到 G_1 的数据信息 $\overline{X(t)}$(因为 74LS138 是输出低电平有效)，而其余输出端则保持输出高电平；若从 $\overline{G_{2A}}$ 端输入数据信息，令 $G_1 = 1$、$\overline{G_{2B}} = 0$，则地址码(A_2、A_1、A_0)所对应的输出端 Y 输出的就是送到 $\overline{G_{2B}}$ 的数据信息 $X(t)$。若数据信息是时钟脉冲，则数据分配器便成为时钟脉冲分配器。

用二进制译码器实现数据分配和脉冲分配的实例见图 1.5.7。图 1.5.7(a)中的 $\overline{Y_3}$ 输出的是输入信号 $X(t)$，图 1.5.7(b)中的 $\overline{Y_1}$ 输出的就是输入时钟信号 CP 的反相。

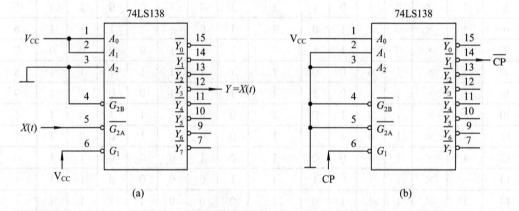

图 1.5.7　74LS138 作数据分配器和脉冲分配器

例 1.5.2 用二进制译码器实现逻辑函数。

二进制译码器和与非门配合能很方便地实现最小项的与或逻辑函数式，如图 1.5.8 所示的电路。

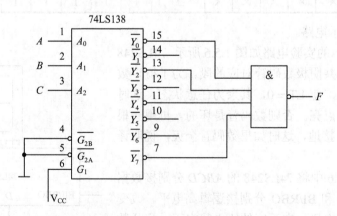

图 1.5.8　74LS138 实现逻辑函数例图

电路实现的逻辑函数是

$$F = \overline{\overline{Y_0} \cdot \overline{Y_2} \cdot \overline{Y_4} \cdot \overline{Y_7}} = Y_0 + Y_2 + Y_4 + Y_7 = \overline{C}\,\overline{B}\,\overline{A} + \overline{C}B\overline{A} + C\overline{B}\,\overline{A} + CBA$$

上式最右边的函数表达式由 4 项组成，每一项都含有全部 3 个自变量，并且 3 个自变量都只会以原变量或反变量的形式在各项中出现一次，这就是最小项。一般把最小项用 m_i 表示，其中脚标 i 表示最小项的编号，例如上述逻辑函数是自变量为 CBA 的最小项之和，可以写成 $F = m_0 + m_2 + m_4 + m_7$。

因此配合与非门，当使能端有效时，可以用二进制变量译码器(如 74LS138、74LS139)实现的逻辑函数是 $F = \sum m_i$。一个与非门可以实现相应的一个逻辑函数，一个二进制译码器配上多个与非门，则可以实现多个逻辑函数。

三、实验内容

(1) 测试 2 线-4 线译码器 74LSl39 的逻辑功能。

将译码器使能端及地址端分别接逻辑开关，输出端接电平指示器，按功能表逐项进行验证。

(2) 用 2 线-4 线译码器 74LS139 扩展出 3 线-8 线译码器，并设计出一个奇偶校验电路。

(3) 用 74LSl39 构成三变量表决器电路。

提示：先将 2 线-4 线译码器扩展成 3 线-8 线译码器，然后实现三变量表决器电路，测试其逻辑功能记录结果。

(4) 用 74LS l39 及少量门电路构成全加器的电路图并测试其逻辑功能。

全加器和数及向高位进位数的逻辑方程为

$$S_n = \overline{A}\,\overline{B}C_{n-1} + \overline{A}B\overline{C_{n-1}} + A\overline{B}\,\overline{C_{n-1}} + ABC_{n-1}$$

$$C_n = \overline{A}BC_{n-1} + A\overline{B}C_{n-1} + AB\overline{C_{n-1}} + ABC_{n-1}$$

四、实验预习要求

(1) 根据实验内容要求写预习报告。

(2) 熟悉 74LS139、74LS138 等芯片的管脚功能及功能表。

五、实验仪器和器件

(1) 双踪示波器、数字电路实验台各一台。

(2) TTL 芯片：74LS139、74LS138、74LS04、74LS08、74LS32、74LS00、74LS20 各一片。

六、思考题

(1) 试根据 2 线-4 线译码器的逻辑表达式,利用一些基本门电路构成 2 线-4 线译码器,画出连线图,并通过实验进行调试。

(2) 举例说明译码器的用途。

(3) 举例说明本实验在实际生活中的应用。

七、实验报告

(1) 记录实验测试结果，并分析实验过程中出现的问题。

(2) 写出实验电路的设计过程，并画出逻辑电路图。

(3) 完成思考题。

实验 1.6　触发器及其应用

触发器是一种能够存储一位二进制码的逻辑电路，是构成时序逻辑电路的基本单元。触发器种类繁多，并且一些触发器之间通过外部的不同连接可以相互转化，根据实际需要实现的功能可以选择不同类型的触发器。本次实验主要掌握 RS、D、JK 触发器的工作原理和功能测试方法以及触发器间的逻辑功能转换。

一、实验目的

(1) 熟悉并掌握 RS、D、JK 触发器的构成、工作原理和功能测试方法。

(2) 学会正确使用触发器集成芯片。

(3) 熟悉各种触发器的逻辑功能、特性及其相互间的功能转换方法。

二、实验原理

1. 触发器的分类

触发器(Flip-Flop)具有两种状态(0 或 1)，在任一时刻，触发器只处于其中的一种稳定状态，当有触发脉冲时，它才由一种稳定状态翻转到另一种稳定状态。形象地说，它具有"一触即发"的功能，也具有记忆功能，即触发器的输出状态不只与当前的输入状态有关，还与原来的输出状态有关。触发器的种类很多，分类方法也不同。

(1) 按逻辑功能分，触发器可分为 RS 触发器、JK 触发器、D 触发器、T 触发器和 $\overline{\text{T}}$ 触发器等几种。RS 触发器具有约束条件 RS = 0，D 触发器和 T 触发器的功能比较简单，JK 触发器的逻辑功能最为灵活。

(2) 按电路结构分，触发器又可分为基本 RS 触发器、同步触发器、主从触发器和边沿触发器等。它们的触发翻转方式不同，基本 RS 触发器属于电平触发，同步触发器和主从触发器属于脉冲触发，边沿触发器是脉冲边沿触发(可以是上升沿触发，也可以是下降沿触发)。只有了解这些不同的动作特点，才能正确地使用这些触发器。

需要特别指出的是，触发器的电路结构和逻辑功能是两个完全不同的概念，两者之间没有固定的对应关系。同一种逻辑功能的触发器，可以采用不同电路结构来实现；而同一种电路结构的触发器又可以做成不同的逻辑功能。在选用触发器电路时，不仅要知道它的逻辑功能，还必须知道它的电路结构类型，把握住它的动作特点，才能作出正确的设计。

分析触发器的逻辑功能，通常可采用状态转换真值表、特性方程、状态转换图和波形图等方法。常见的几种触发器的性能比较如表 1.6.1 所示。在触发器的逻辑符号中表示出了其有效触发信号，如边沿触发的触发器，其时钟 CP 输入端有小三角符号加以表示，上升沿有效触发时，其 CP 输入端直接与小三角相连；下降沿有效触发时，其 CP 输入端是通过小圆圈与小三角相连的。

表 1.6.1　几种触发器的性能比较

类别	RS 触发器		JK 触发器		D 触发器		T 触发器	
	RS	Q^{n+1}	JK	Q^{n+1}	D	Q^{n+1}	T	Q^{n+1}
真值表	00	×	00	Q^n	0	0	0	Q^n
	01	1	01	0				
	10	0	10	1	1	1	1	$\overline{Q^n}$
	11	Q^n	11	$\overline{Q^n}$				
特性方程	$Q^{n+1} = S + \overline{R}Q^n$ $\overline{S} + \overline{R} = 1$		$Q^{n+1} = J\overline{Q^n} + \overline{K}Q^n$		$Q^{n+1} = D$		$Q^{n+1} = T\overline{Q^n} + \overline{T}Q^n$	

2. 触发器逻辑功能的转换

在实际工作中，有时需要利用手中仅有的单一逻辑功能的触发器去完成其他逻辑功能触发器的功能，这就需要在逻辑功能上进行相互转换。将具有某种逻辑功能的触发器，在其信号输入端加接一个逻辑转换电路，就可完成另一个触发器的逻辑功能。因为触发器的逻辑功能可以用其特性方程来描述，将一种触发器的特性方程变换为另一种触发器的特性方程，即可实现触发器的功能转换。几种常见的触发器转换如表 1.6.2 所示。

表 1.6.2　触发器的转换

原触发器	转换后的触发器				
	T 触发器	$\overline{\text{T}}$ 触发器	D 触发器	JK 触发器	RS 触发器
D 触发器	$D = T \oplus Q^n$	$D = \overline{Q^n}$		$D = J\overline{Q^n} + \overline{K}Q^n$	$D = S + \overline{R}Q^n$
JK 触发器	$J = T$ $K = T$	$J = 1$ $K = 1$	$J = D$ $K = \overline{D}$		$J = S$ $K = R$
RS 触发器	$R = TQ^n$ $S = T\overline{Q^n}$	$R = Q^n$ $S = \overline{Q_n}$	$R = \overline{D}$ $S = D$	$R = KQ^n$ $S = J\overline{Q^n}$	

在集成触发器产品中，每一种触发器都有自己固定的逻辑功能，但可以利用转换的方法获得具有其他功能的触发器。例如将 JK 触发器的 J、K 两端连在一起，并认为它为 T 端，就得到所需的 T 触发器，如图 1.6.1(a)所示，其状态方程为 $Q^{n+1} = T\overline{Q^n} + \overline{T}Q^n$。T 触发器的功能如表 1.6.3 所示，由功能表可见，当 $T = 0$ 时，时钟脉冲作用后，其状态保持不变；当 $T = 1$ 时，时钟脉冲作用后，触发器状态翻转。所以，若将 T 触发器的 T 端置"1"，如图 1.6.1(b)

所示，即得$\overline{T}$触发器。在$\overline{T}$触发器的 CP 端每来一个 CP 脉冲信号，触发器的状态就翻转一次，故称之为反转触发器，它广泛应用于计数电路中。

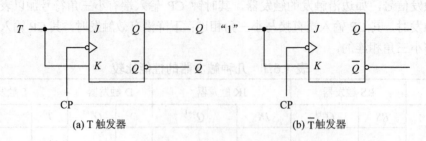

(a) T 触发器　　　　　　　　(b) $\overline{T}$ 触发器

图 1.6.1　JK 触发器转换为 T、$\overline{T}$ 触发器

表 1.6.3　T 触发器的功能表

输	入			输	出
0	1	×	×		1
1	0	×	×		0
1	1	↓	0		Q^n
1	1	↓	1		$\overline{Q^n}$

同样，若将 D 触发器$\overline{Q}$端与 D 端相连，便转换成$\overline{T}$触发器，如图 1.6.2 所示。JK 触发器也可以转换为 D 发器，如图 1.6.3 所示。

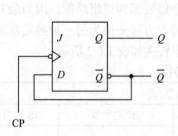

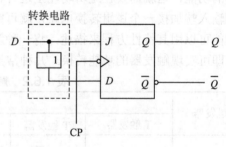

图 1.6.2　D 触发器转成$\overline{T}$触发器　　　　　图 1.6.3　JK 触发器转成 D 触发器

三、实验预习要求

(1) 阅读实验基本原理，复习有关触发器的内容，并自行查阅 74LS74 和 74LS112 引脚图及功能。

(2) 熟悉各种触发器的逻辑功能及功能描述方法。

(3) 掌握触发器进行逻辑功能转换的方法。

四、实验仪器和器件

(1) 数字电路实验台、数字示波器各一台。

(2) 芯片：74LS00、74LS74、74LS112 各一片。

五、实验内容

1. 基本 RS 触发器功能测试

两个 TTL 与非门首尾相接构成的基本 RS 触发器电路构成及逻辑符号如图 1.6.4 所示。

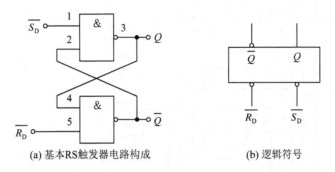

(a) 基本RS触发器电路构成　　　　　(b) 逻辑符号

图 1.6.4　基本 RS 触发器电路构成及逻辑符号

(1) 试按下面的顺序在 $\overline{S_D}$，$\overline{R_D}$ 端加信号：

① $\overline{S_D} = 0$，$\overline{R_D} = 0$；

② $\overline{S_D} = 0$，$\overline{R_D} = 1$；

③ $\overline{S_D} = 1$，$\overline{R_D} = 0$；

④ $\overline{S_D} = 1$，$\overline{R_D} = 1$。

观察并记录 RS 触发器的 Q、$\overline{Q}$ 端的状态，将结果填入表 1.6.4 中，并说明在上述各种输入状态下触发器执行的是什么功能。

表 1.6.4　RS 触发器 Q、$\overline{Q}$ 端状态变化表

$\overline{S_D}$	$\overline{R_D}$	Q	$\overline{Q}$	逻辑功能
0	0			
0	1			
1	0			
1	1			

(2) $\overline{S_D}$ 端接低电平，$\overline{R_D}$ 端加脉冲。

(3) $\overline{S_D}$ 端接高电平，$\overline{R_D}$ 端加脉冲。

(4) 连接 $\overline{S_D}$、$\overline{R_D}$，并加脉冲，记录并观察(2)、(3)、(4)三种情况下，Q、$\overline{Q}$ 端的状态，从中总结出基本 RS 触发器的 Q 或 $\overline{Q}$ 端的状态改变和输入端 $\overline{S_D}$、$\overline{R_D}$ 的关系。

(5) 当 $\overline{S_D}$、$\overline{R_D}$ 都接低电平时，观察 Q、$\overline{Q}$ 端的状态，重复 3～5 次，看 Q、$\overline{Q}$ 端的状态是否相同。

2. 维持-阻塞型 D 触发器功能测试

双 D 型正边沿维持-阻塞型触发器 74LS74 的逻辑内部 D 触发器电路图及符号图如图 1.6.5 所示。

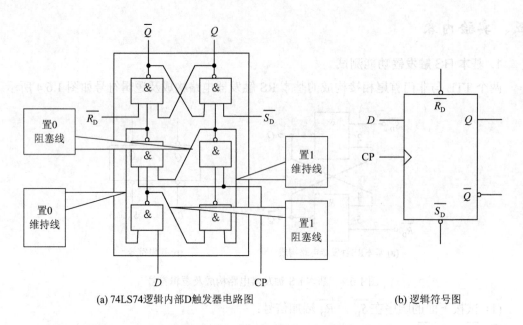

(a) 74LS74逻辑内部D触发器电路图　　　　　　　　(b) 逻辑符号图

图 1.6.5　74LS74 逻辑电路图及符号图

图 1.6.5 中 $\overline{S}_D$、$\overline{R}_D$ 端分别为异步置 1 端、置 0 端(或称异步置位、复位端)。CP 为时钟脉冲端。

试按下面步骤做实验：

(1) 分别在 $\overline{S}_D$、$\overline{R}_D$ 端加低电平，观察并记录 Q、$\overline{Q}$ 的状态。

(2) 令 $\overline{S}_D$、$\overline{R}_D$ 端为高电平，D 端分别接高、低电平，用单脉冲作为 CP，观察并记录当 CP 为 ↑(0)、↓(1)时 Q 端状态的变化。

(3) 当 $\overline{S}_D = \overline{R}_D = 1$，CP = 0(CP = 1)时，改变 D 端信号，观察 Q 端状态是否变化。整理上述实验数据，将结果填入表 1.6.5 中。

(4) 令 $\overline{S}_D = \overline{R}_D = 1$，将 D 和 Q 端相连，CP 加连续脉冲，用双踪示波器观察并记录 Q 相对于 CP 的波形。

表 1.6.5　Q 端状态变化表(1)

$\overline{S}_D$　$\overline{R}_D$	CP	D	Q^n	Q^{n+1}
0　　1	×	×	0	
			1	
1　　0	×	×	0	
			1	
1　　1	⌐	0	0	
			1	
1　　1	⌐	1	0	
			1	

3. 负边沿 JK 触发器功能测试

负边沿 JK 触发器 74LS112 芯片的逻辑电路图及逻辑符号图如图 1.6.6 所示。

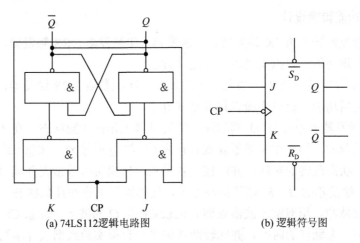

(a) 74LS112逻辑电路图　　　　(b) 逻辑符号图

图 1.6.6　74LS112 逻辑电路图及逻辑符号图

自拟实验步骤，测试 74LS112 的功能，并将其结果填入表 1.6.6 中。

若令 $J = K = 1$，CP 端加连续脉冲，用双踪示波器观察 Q-CP 波形，将其与 D 触发器的 D 和 Q 短接相连时观察到的 Q 端波形比较，有何异同点？

表 1.6.6　Q 端状态变化表(2)

$\overline{S_D}$	$\overline{R_D}$	CP	J	K	Q^n	Q^{n+1}
0	1	×	×	×	×	
1	0	×	×	×	×	
1	1	⌐_	0	×	0	
1	1	⌐_	1	×	0	
1	1	⌐_	×	0	1	
1	1	⌐_	×	1	1	

4. 用 RS 触发器设计单次脉冲信号源

由基本 RS 触发器构成的电路开关可以消除机械开关的抖动现象，从而可以将其作为单次脉冲信号源使用。图 1.6.7 是由基本 RS 触发器构成的电路开关，其中 SW 是单刀双掷开关，也可用按钮开关。

选择器件，按照图 1.6.7 接线，分析图 1.6.7 的工作原理，用双踪示波器分别测试基本 RS 触发器输入端和输出端的波形，总结该电路的功能。本实验制作的结果可作为常用工具的单次脉冲源使用。

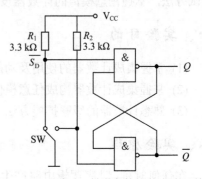

图 1.6.7　基本 RS 触发器构成的电路开关

5. 触发器功能转换设计

(1) 将 D 触发器转换为 JK 触发器、T 触发器、$\overline{T}$ 触发器、RS 触发器，画出各逻辑电路图，测试其逻辑功能。自拟实验步骤及测试方法。

(2) 将 JK 触发器转换为 T 触发器、$\overline{T}$ 触发器、D 触发器、RS 触发器，画出各逻辑电路图，测试其逻辑功能。自拟实验步骤及测试方法。

(3) 将 D 触发器的 $\overline{Q}$ 端与 D 端相连，使触发器工作在计数状态。在 CP 接入端加入 $f = 1\text{ kHz}$ 的连续脉冲，用双踪示波器观察并记录 CP 与 Q 的波形。注意 CP 与 Q 的频率关系和触发器输出状态翻转的时间，并比较两者关系，自拟实验数据表并填写它。

(4) 将 JK 触发器的 J、K 端都接高电平，使触发器工作在计数状态。在 CP 端加入 $f = 1\text{ kHz}$ 的连续脉冲，用双踪示波器观察并记录 CP 与 Q 的波形。注意 CP 与 Q 的频率关系和触发器输出状态翻转的时间，并比较两者关系，自拟实验数据表并填写它。

六、思考题

(1) 在实验中设置 $\overline{S_\mathrm{D}}$ 和 $\overline{R_\mathrm{D}}$ 端信号时应注意什么问题？

(2) D 触发器和 JK 触发器的逻辑功能和触发方式有何不同？

七、实验报告

(1) 整理实验数据并填表。

(2) 对实验内容中测试结果进行分析比较。

(3) 总结各类触发器的特点。

实验 1.7 计数器及其应用

计数器是最基本的时序电路，它不仅可以用来统计输入脉冲的个数，还可以作为数字系统中的分频、定时电路。计数器在数字系统中应用广泛，如在电子计算机的控制器中对指令地址进行计数，以便顺序取出下一条指令，在运算器中作乘法、除法运算时记下加法、减法次数，又如在数字仪器中对脉冲进行计数等。本次实验主要掌握计数器的使用和功能测试方法，掌握任意模值的计数器设计以及级联扩展的方法。

一、实验目的

(1) 掌握集成计数器的使用及功能测试方法。

(2) 掌握集成计数器构成任意模值计数器的设计方法。

(3) 熟悉计数器的级联扩展方法，并根据实验要求进行电路设计与测试。

二、实验原理

在任何时刻，时序逻辑电路产生的稳定输出信号不仅与该时刻电路的输入信号有关，而且还与电路过去的状态有关。所以电路中必须具有"记忆"功能的器件，记住电路过去的状态，并与输入信号共同决定电路的现时输出，时序逻辑电路结构框图如图 1.7.1 所示。

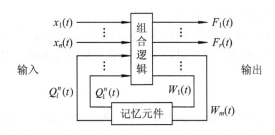

图 1.7.1　时序逻辑电路结构框图

计数器可利用触发器和门电路构成，但在实际工作中，主要是利用集成计数器来构成。在用集成计数器构成 N 进制计数器时，需要利用清零端或置数控制端，让电路跳过某些状态来获得 N 进制计数器。

1. 计数器的分类

1) 按进位模数来分

所谓进位模数，就是计数器所经历的独立状态总数，即进位制的数。

(1) 模 2 计数器：进位模数为 2^n 的计数器均称为模 2 计数器，其中 n 为触发器级数。

(2) 非模 2 计数器：进位模数不是 2^n 的计数器称为非模 2 计数器，用得较多的如十进制计数器、十二进制计数器、六十进制计数器等。

2) 按计数脉冲输入方式分

(1) 同步计数器：计数脉冲引至所有触发器的 CP 端，使应翻转的触发器同时翻转。

(2) 异步计数器：计数脉冲并不引至所有触发器的 CP 端，有的触发器的 CP 端是其他触发器的输出端，因此触发器不是同时动作的。

3) 按计数增减趋势分

(1) 递增计数器：每来一个计数脉冲，触发器组成的状态就按二进制代码规律增加。这种计数器有时又称为加法计数器。

(2) 递减计数器：每来一个计数脉冲，触发器组成的状态就按二进制代码规律减少。这种计数器有时又称为减法计数器。

(3) 双向计数器：又称可逆计数器，计数规律可按递增规律，也可按递减规律，由控制端决定。

4) 按电路集成度分

(1) 小规模集成计数器：由若干个集成触发器和门电路经外部连线，构成具有计数功能的逻辑电路。

(2) 中规模集成计数器：一般用四个集成触发器和若干个门电路，经内部连接集成在一块硅片上，它是计数功能比较完善，并能进行功能扩展的逻辑部件。由于计数器是时序电路，故它的分析、设计与时序电路的分析、设计完全一样。

2. 时序电路的分类

1) 根据时钟分类

(1) 同步时序电路中，各个触发器的时钟脉冲相同，即电路中有一个统一的时钟脉冲，每来一个时钟脉冲，电路的状态只改变一次。

(2) 异步时序电路中，各个触发器的时钟脉冲不同，即电路中没有统一的时钟脉冲来控制电路状态的变化，电路状态改变时，电路中要更新状态的触发器的翻转有先有后，是异步进行的。

2) 根据输出分类

(1) 米里型时序电路的输出不仅与现态有关，而且还决定于电路当前的输入。

(2) 摩尔型时序电路的输出仅决定于电路的现态，与电路当前的输入无关；或者根本就不存在独立设置的输出，而以电路的状态直接作为输出。

3. 集成计数器芯片介绍

在数字集成产品中，通用的计数器是二进制和十进制计数器。按计数长度、有效时钟、控制信号、置位和复位信号的不同有不同的型号。本次实验采用 74LS192 芯片。74LS192 芯片是同步十进制可逆计数器，其管脚分布和符号分别如图 1.7.2(a)和(b)所示。表 1.7.1 是 74LS192 功能表。

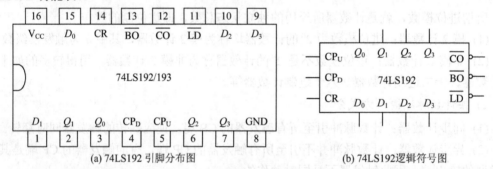

(a) 74LS192 引脚分布图　　　　　　　　(b) 74LS192 逻辑符号图

图 1.7.2　74LS192 同步十进制可逆计数器引脚分布和逻辑符号图

74LS192 由四个 JK 触发器和若干门电路组成，正边沿触发。它具有双时钟输入，即加计数脉冲 CP_U 和减计数脉冲 CP_D。加法计数时 CP_D 置高电平，减法计数时 CP_U 置高电平。74LS192 还具有清零和置数等功能。预置端 $\overline{LD}$ 低电平有效，且异步置数；清零端 CR 高电平有效，且异步清零。

表 1.7.1　74LS192 芯片逻辑功能表

输　入								输　出			
CR	$\overline{LD}$	CP_U	CP_D	D_3	D_2	D_1	D_0	Q_3	Q_2	Q_1	Q_0
1	×	×	×	×	×	×	×	0	0	0	0
0	0	×	×	d	c	b	a	d	c	b	a
0	1	↑	1	×	×	×	×	加　计　数			
0	1	1	↑	×	×	×	×	减　计　数			

74LS192 引脚介绍如下：

(1) CR 为复位引脚，高电平有效。

(2) $\overline{\text{LD}}$ 为预置引脚,低电平有效。

(3) $\overline{\text{BO}}$ 为借位输出信号脚。

(4) $\overline{\text{CO}}$ 为进位输出信号脚。该引脚与 $\overline{\text{BO}}$ 引脚一般用于级联。

(5) CP_U 为加法计数时脉冲输入引脚。

(6) CP_D 为减法计数时脉冲输入引脚。

(7) $D_0D_1D_2D_3$ 为预置法计数时的初值设置引脚,满足 8421 编码关系。

(8) $Q_0Q_1Q_2Q_3$ 为数据输出引脚,满足 8421 编码关系。

4. 任意进制计数器的设计

在数字集成电路中有许多型号的计数器产品,可以用这些数字集成电路来实现所需要的计数功能和时序逻辑功能。在设计时序逻辑电路时有两种方法,一种为反馈清零法,另一种为反馈置数法。

1) 反馈清零法(复位法)

复位法计数器的工作原理是:计数器从零开始计数,每来一个外部脉冲,计数器的输出值加一,计数到预定值后复位(复位端 CR 变为高电平)到零,需外接芯片形成反馈信号。图 1.7.3 所示是用复位法设计的模 7 计数器的电路图。

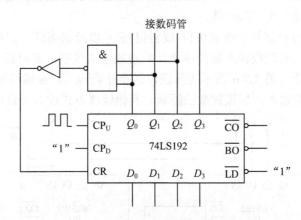

图 1.7.3 复数法模 7 计数器电路图

2) 反馈置数法(置数法)

反馈置数法工作原理是:计数器从预置的初始值开始计数,每来一个外部脉冲,计数器的输出值加一,计数到预定值后置数到初始值。置数法可分为异步预置和同步预置,这要根据具体芯片功能表中的预置端口是异步还是同步(是不是受时钟控制)来决定的。受时钟控制的为同步预置;不受时钟控制的为异步预置。

(1) 通过外接芯片完成反馈。如图 1.7.4 所示是用置数法通过外接芯片完成反馈的模 7 加法计数器电路的一种,初值设置为 "0"。

(2) 通过自身的输出信号形成反馈。如图 1.7.5 所示是用置数法通过自身的信号形成反馈的模 6 加法器的电路图,初值设置为 "3"。

本实验采用芯片 74LS192(CD40192)的 $\overline{\text{CO}}$、$\overline{\text{BO}}$ 端口作为反馈输出时,反馈信号接入 $\overline{\text{LD}}$ 进行预置,完成计数工作。$D_0D_1D_2D_3$ 的预置方法如下:

异步预置:加计数时预置值为 $N-M-1$,减计数时预置值为 M。

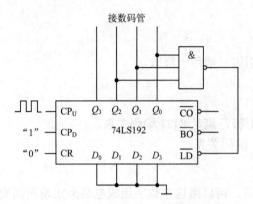

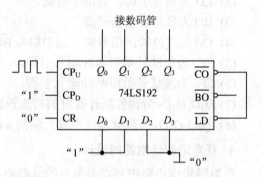

图 1.7.4　置数法模 7 计数器电路图　　　　图 1.7.5　置数法自身反馈模 6 加法器电路图

(3) 类似地，还有两种减法计数器的模 7 设计方法。请读者自行思考减法设计的情况。

3) 计数器的级联

当要求实现的计数值 M 超过单片计数器的计数范围时，必须将多片计数器级联，以扩大计数的范围。

计数器级联的方法是将低位计数器的输出信号送给高位计数器，使得低位计数器每计满一次，高位计数器就产生一次计数。

从低位计数器取得的信号一般有进位(或借位)信号以及状态信号的组合等，而此信号送到高位计数器也有送到计数输入脉冲端和计数使能端的区别，要根据具体芯片的电平要求进行实际电路的设计。图 1.7.6 所示为低进位送高计数输入，反馈清零法级联。图 1.7.7 所示为低进位送高计数输入，反馈置数法级联。其他级联方式读者可自行分析设计。

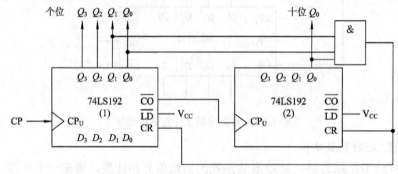

图 1.7.6　74LS192 的反馈清零及级联

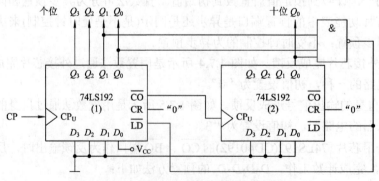

图 1.7.7　74LS192 的反馈置数及级联

三、实验预习要求

(1) 复习有关计数器部分的内容。

(2) 绘出各实验内容的详细线路图。

(3) 拟出各实验内容所需的测试记录表格。

(4) 查手册，给出并熟悉实验所用各集成电路的引脚排列图。

四、实验仪器和器件

(1) 双踪示波器一台。

(2) 74LS192 或者 CD40192 一片，74LS20、74LS00 各一片。

五、实验内容

(1) 测试 74LS192 同步十进制可逆计数器的逻辑功能。

计数脉冲由单脉冲源提供，将清零端 CR，置数端 $\overline{\text{LD}}$，数据输入端 D_0、D_1、D_2、D_3 分别接逻辑开关，输出端 Q_0、Q_1、Q_2、Q_3 接译码显示输入相应插口 A、B、C、D；$\overline{\text{CO}}$ 和 $\overline{\text{BO}}$ 接逻辑电平显示插口。按 74LS192 的功能逐项测试并判断该集成块的功能是否正常。

注意观察加计数时进位信号 $\overline{\text{CO}}$ 与计数值 "9" 和减计数时借位信号 $\overline{\text{BO}}$ 与计数 "0" 的变化情况。

(2) 用五种方法设计 n 进制的计数器($n = 2 \sim 8$)，分别画出设计电路图，并在实验台上验证设计是否正确。

(3) 针对五种设计方法，依次用示波器观察当 CP 为 10 kHz 时，Q_0、Q_1、Q_2、Q_3 的波形，找出其规律。

六、思考题

(1) 如何用 74LS192 芯片设计大于 10 的计数器？

(2) 如何用计数器芯片设计分频器？

(3) 如何用计数器芯片设计定时器？

(4) 如果用的是 74LS161，设计的方法是否会变化？74LS161 是同步四位二进制加法集成计数器。

七、实验报告

(1) 画出实验过程中的电路图。

(2) 记录实验的过程、结果。

(3) 回答思考题。

实验 1.8　顺序脉冲和序列信号发生器

顺序脉冲发生器也称节拍脉冲发生器，它能够产生一组在时间上有先后顺序的矩形脉冲。序列信号发生器是在同步脉冲的作用下循环地产生一串周期性的二进制信号的器件。它们在生产实践和科技领域中都有着广泛的用途。本次实验主要掌握顺序脉冲和序列信号发生器的原理和简单使用方法。

一、实验目的

(1) 进一步熟悉计数器的应用。

(2) 掌握顺序脉冲发生器和序列信号发生器电路的原理，学会自行设计和使用脉冲发生器电路。

二、实验原理

1. 顺序脉冲发生器

在计算机和数控装置中，往往需要机器按人们预先规定的顺序进行运算或操作。一般采用顺序脉冲发生器，它可以提供时间上有先后顺序的控制脉冲，以控制系统各部分协调运行。

顺序脉冲发生器先给出一组在时间上有先后顺序的脉冲，再用这组脉冲形成所需要的各种控制信号，一般由计数器和译码器两部分电路组成。如图 1.8.1(a)所示为顺序脉冲发生器框图及时序图。

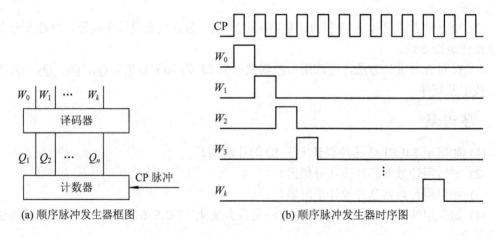

(a) 顺序脉冲发生器框图　　　　　　　(b) 顺序脉冲发生器时序图

图 1.8.1　顺序脉冲发生器框图及时序图

作为时间基准的 CP 脉冲为计数器输入信号，加在计数器的输入端。计数器输出的二进制代码送至译码器，译码器各输出线上产生一定节拍的顺序脉冲，如图 1.8.1(b)所示。当计数器以 N 进制状态循环变化时，译码器输出端也将出现循环的顺序节拍脉冲；而采用环形计数器可直接输出顺序脉冲，故可不加译码电路直接作为顺序脉冲发生器。

如图 1.8.2(a)所示是 8 条输出线的 8 节拍顺序脉冲发生器逻辑图。三个 T 触发器构成异步二进制计数器，CP 为输入计数脉冲，计数器状态按 000→001→010→011→100→101→110→111→000规律循环。Y_0、Y_1、Y_2、Y_3、Y_4、Y_5、Y_6、Y_7这 8 个输出端将顺序输出节拍脉冲，其时序图如图 1.8.2(b)所示。如用 n 位二进制计数器，输出 2^n 个不同的状态，经译码后，便可得到 2^n 顺序脉冲。

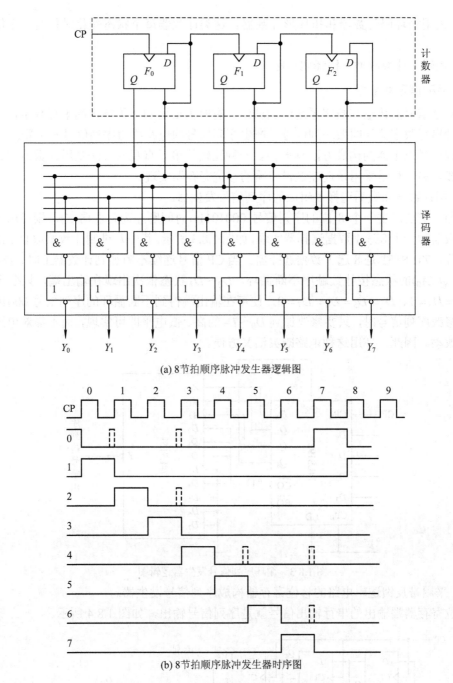

(a) 8节拍顺序脉冲发生器逻辑图

(b) 8节拍顺序脉冲发生器时序图

图 1.8.2 8 节拍顺序脉冲发生器及时序图

除以上所述采用自然态序计数器和译码器组成顺序脉冲发生器外，还可由移位寄存器型计数器和译码器构成脉冲发生器。典型的如采用环形或扭环形计数器。这类计数器电路简单，其中扭环形计数器译码也很方便，环形计数器可直接输出顺序脉冲，无须译码电路，但是其最大的不足是状态利用率低。

顺序脉冲发生器存在的主要问题是竞争冒险问题。清除过渡干扰脉冲常用以下方法：

(1) 采用环行计数器。每个触发器的输出就是顺序脉冲，不需要译码器。

(2) 采用循环码计数器和扭环形计数器。这类计数器每个状态变化时仅有一个触发器翻转。

(3) 用输入计数脉冲封锁译码电路。

2. 序列信号发生器

在数字信号的传输和数字系统的测试中，有时需要用到一组特定的串行数字信号。通常把这种串行数字信号叫做序列信号，产生序列信号的电路称为序列信号发生器。

序列信号发生器的构成方法有多种。一种比较简单、直观的方法是用计数器和数据选择器组成。另一种是采用带反馈逻辑电路的移位寄存器实现。

(1) 用计数器和数据选择器组成的序列信号发生器。

例如，需要产生一个 8 位的序列信号 00010111(时间顺序为自左向右)，则可用一个八进制计数器和一个 8 选 1 数据选择器实现，如图 1.8.3 所示。其中八进制计数器取自 74LS192 的低 3 位。74LS151 是 8 选 1 数据选择器。当 CP 信号连续不断加到计数器上时，$Q_2(A_2)$、$Q_1(A_1)$、$Q_0(A_0)$ 的状态按计数顺序不断循环，$D_0 \sim D_7$ 状态依次出现在输出端，只要令 $D_0 = D_1 = D_2 = D_4 = 1$、$D_3 = D_5 = D_6 = D_7 = 0$，便可在输出端得到不断循环的序列信号 00010111。在需要修改序列信号时，只要修改加到 $D_0 \sim D_7$ 的高、低电平即可实现，而不需对电路结构作任何改动。因此，使用这种电路既灵活又方便。

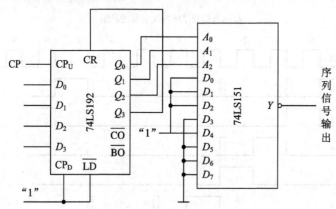

图 1.8.3　循环序列信号发生器逻辑图

(2) 采用带反馈逻辑电路的移位寄存器构成序列信号发生器。

移位寄存器端输出的串行输出信号就是序列信号输出，如图 1.8.4 所示。

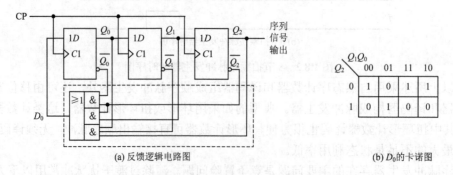

(a) 反馈逻辑电路图　　　　　　　(b) D_0 的卡诺图

图 1.8.4　移位寄存器构成序列信号发生器图

根据要求产生的序列信号，即可列出移位寄存器应具有的状态转换表，再由此得到输入端 D_0 取值的卡诺图，化简得

$$D_0 = Q_2\overline{Q}_1Q_0 + \overline{Q}_2Q_1 + \overline{Q}_2\overline{Q}_0$$

三、实验预习要求

(1) 复习有关计数器、数据选择器、译码器部分的内容。

(2) 绘出各实验内容的详细线路图。

(3) 拟出各实验内容所需的测试记录表格。

(4) 查手册，给出并熟悉实验所用各集成电路的引脚排列图。

四、实验仪器和器件

(1) 数字电路实验箱一台。

(2) 芯片：74LS112、74LS151、74LS192(CD40192)、74LS160/74LS161、74LS00、74LS20、74LS04、74LS153、74LS139 各一片。

五、实验内容

1. 顺序脉冲发生器的功能测试

(1) 环形计数器方式实现。如图 1.8.5 所示电路为环形计数器构成的顺序脉冲发生器的逻辑图和时序图，图 1.8.5(a)中触发器用两个边沿 D 触发器 74LS74 组成。

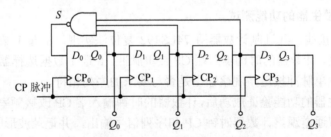

(a) 环形计数器构成顺序脉冲发生器的逻辑图

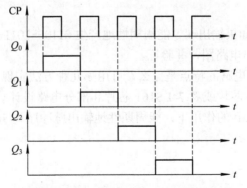

(b) 环形计数器构成顺序脉冲发生器的时序图

图 1.8.5　环形计数器构成顺序脉冲发生器的逻辑图和时序图

在 CP 端加连续脉冲，测出电路中 $Q_0Q_1Q_2Q_3$ 的状态变化顺序，画出状态转换图形式。通过表 1.8.1 的状态观察其结果。当环形计数器在每个状态中只有一个 1 的循环状态时，它就是一个顺序脉冲发生器。当 CP 端不断输入系列脉冲时，$Q_0 \sim Q_3$ 端将依次输出正脉冲并不断循环，如图 1.8.5(b) 所示。

表 1.8.1　环形计数器构成顺序脉冲发生器的状态表

		S	Q_0	Q_1	Q_2	Q_3	
初		1	0	0	0	0	
态		1	1	0	0	0	
		1	1	1	0	0	
稳		0	1	1	1	0	自
态		1	0	1	1	1	循
循		1	1	0	1	1	环
环		1	1	1	0	1	

(2) 计数器加译码器方式实现。参考图 1.8.1(a) 接线，八进制计数器用 74LS192 复位法实现，3 线-8 线译码器可以用 74LS139 扩展实现。计数器的时钟输入端 CP 接单脉冲，译码器的输出端接发光二极管。逐次按下单脉冲按键，观察输出是否与顺序脉冲发生器的时序图相符。

顺序脉冲发生器的功能验证成功后，计数器的时钟输入端 CP 改接频率较高的连续脉冲信号，如 10 Hz 信号，观察发光二极管的输出变化。

2. 序列脉冲发生器的功能测试

参考图 1.8.3 接线，八进制计数器用 74LS192 复位法实现，8 选 1 数据选择器可以用 74LS153 扩展实现。计数器的时钟输入端 CP 接单脉冲，8 选 1 数据选择器的输出端接发光二极管。逐次按下单脉冲按键，观察输出是否与要求的序列相符。

序列脉冲发生器的功能验证成功后，计数器的时钟输入端 CP 改接频率 1 kHz 连续脉冲信号，用示波器双通道观察计数器时钟 CP 和序列信号输出，并记录波形图。

六、思考题

(1) 实验内容 1 中，如果输出端 S 能周期性地产生 0110→1011→1101 循环的序列脉冲，电路应如何改接？请画出电路图，并验证。

(2) 顺序脉冲发生器电路的特点是什么？可用哪几种方法实现？

(3) 如果用 74LS160 芯片或者 74LS161 芯片和部分电路设计一个脉冲序列电路，要求电路的输出端 S 在时钟 CP 的作用下，能周期性地输出脉冲序列 101010000011001，试画出电路图并验证之。

七、实验报告

(1) 画出实验内容中的各电路图，根据设计要求进行卡诺图化简，并列出电路的真值表。

(2) 回答思考题中的问题。

实验 1.9　移位寄存器及其应用

移位寄存器具有存储数据的功能，还具有移位的功能，移位是指寄存器里面的数据在移位脉冲的作用下依次左移或者右移，它还能实现数据的串/并行转换、数值运算和数据处理等。本次实验主要掌握移位寄存器的功能和使用方法及应用。

一、实验目的

(1) 掌握移位寄存器逻辑功能及其使用方法。
(2) 熟悉移位寄存器的应用，实现数据的串/并行转换和构成环形计数器。

二、实验原理

1. 移位寄存器分类

移位寄存器是一个具有移位功能的寄存器，寄存器中所存的代码能够在移位脉冲的作用下依次左移或右移。既能左移又能右移的寄存器称为双向移位寄存器，只需要改变左、右移的控制信号便可实现双向移位要求。根据移位寄存器存储信息的方式不同分为串入串出、串入并出、并入串出和并入并出四种形式。

本实验选用的四位双向通用移位寄存器，型号为 CC40194 或 74LS194，两者功能相同，可互换使用，其逻辑符号及引脚排列如图 1.9.1 所示。

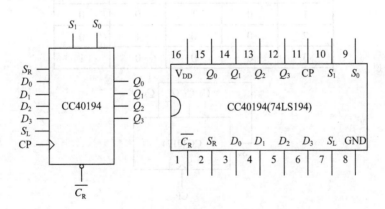

图 1.9.1　CC40194 的逻辑符号及引脚排列

图 1.9.1 中 D_0、D_1、D_2、D_3 为并行输入端；Q_0、Q_1、Q_2、Q_3 为并行输出端；S_R 为右移串行输入端，S_L 为左移串行输入端；S_1、S_0 为操作模式控制端；$\overline{C_R}$ 为直接无条件清零端；CP 为时钟脉冲输入端。

CC40194 有五种不同的操作模式，即并行送数寄存、右移(方向由 $Q_0 \rightarrow Q_3$)、左移(方向由 $Q_3 \rightarrow Q_0$)、保持及清零。S_1、S_0 和 $\overline{C_R}$ 端的控制作用如表 1.9.1 所列。

表 1.9.1 CC40194 逻辑功能表

操作	输			入						输		出	
模式	CP	$\overline{C_R}$	S_1	S_0	S_R	S_L	D_0	D_1	D_2	D_3	Q_0	Q_1	Q_2	Q_3
清零	×	0	×	×	×	×	×	×	×	×	0	0	0	0
送数	↑	1	1	1	×	×	a	b	c	d	a	b	c	d
右移	↑	1	0	1	D_{SR}	×	×	×	×	×	D_{SR}	Q_0	Q_1	Q_2
左移	↑	1	1	0	×	D_{SL}	×	×	×	×	Q_1	Q_2	Q_3	D_{SR}
保持	×	1	0	0	×	×	×	×	×	×	Q_0^n	Q_1^n	Q_2^n	Q_3^n

2. 移位寄存器应用

移位寄存器应用很广，可构成移位寄存器型计数器、顺序脉冲发生器、串行累加器；可用于数据转换，即把串行数据转换为并行数据，或把并行数据转换为串行数据等。本实验研究移位寄存器用于环形计数器和数据的串、并行转换。

1) 环形计数器

把移位寄存器的输出反馈到它的串行输入端，就可以进行循环移位，如图 1.9.2 所示，把输出端 Q_3 和右移串行输入端 S_R 连接，设初始状态 $Q_0Q_1Q_2Q_3 = 1000$，则在时钟脉冲作用下 $Q_0Q_1Q_2Q_3$ 将依次变为 0100→0010→0001→1000→…，如表 1.9.2 所示，可见它是一个具有 4 个有效状态的计数器，这种类型的计数器通常称为环形计数器。图 1.9.2 电路可以由各个输出端输出在时间上有先后顺序的脉冲，因此也可作为顺序脉冲发生器。

表 1.9.2 环形计数器计数状态

CP	Q_0	Q_1	Q_2	Q_3
0	1	0	0	0
1	0	1	0	0
2	0	0	1	0
3	0	0	0	1

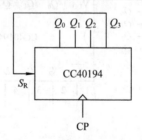

图 1.9.2 环形计数器

如果将输出 Q_1 与左移串行输入端 S_L 相连接，即可实现左移循环移位。

2) 实现数据串/并行转换

(1) 串/并行转换器。串/并行转换是指串行输入的数码经转换电路之后变换成并行输出。

图 1.9.3 是用两片 CC40194(74LS194) 四位双向移位寄存器组成的七位串/并行数据转换电

路。电路中 S_0 端接高电平 1，S_1 受 Q_7 控制，两片寄存器连接成串行输入右移工作模式。Q_7 是转换结束标志，当 $Q_7=1$ 时，S_1 为 0，使之成为 $S_1S_0=01$ 的串行右移工作方式，当 $Q_7=0$ 时，$S_1=1$，有 $S_1S_0=10$，则串行送数结束，标志着串行输入的数据已转换成并行输出了。

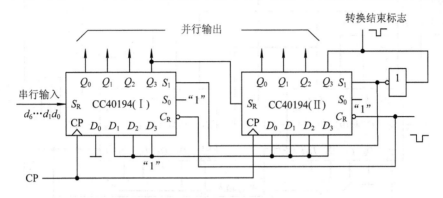

图 1.9.3　七位串/并行转换器

串/并行的具体转换过程如下：

转换前，$\overline{C_R}$ 端加低电平，使 I、II 两片寄存器的内容清零，此时 $S_1S_0=11$，寄存器执行并行输入工作方式。当一个 CP 脉冲到来后，寄存器的输出状态 $Q_0 \sim Q_7$ 为 01111111，与此同时 S_1S_0 变为 01，转换电路变为执行串入右移工作方式，串行输入数据由 I 片的 S_R 端加入。随着 CP 脉冲的依次加入，输出状态的变化可列成表 1.9.3。

表 1.9.3　串/并行转换输出状态变换

CP	Q_0	Q_1	Q_2	Q_3	Q_4	Q_5	Q_6	Q_7	说明
0	0	0	0	0	0	0	0	0	清零
1	0	1	1	1	1	1	1	1	送数
2	d_0	0	1	1	1	1	1	1	右移操作7次
3	d_1	d_0	0	1	1	1	1	1	
4	d_2	d_1	d_0	0	1	1	1	1	
5	d_3	d_2	d_1	d_0	0	1	1	1	
6	d_4	d_3	d_2	d_1	d_0	0	1	1	
7	d_5	d_4	d_3	d_2	d_1	d_0	0	1	
8	d_6	d_5	d_4	d_3	d_2	d_1	d_0	0	
9	0	1	1	1	1	1	1	1	送数

由表 1.9.3 可见，右移操作 7 次之后，Q_7 变为 0，S_1S_0 又变为 11，说明串行输入结束。这时，串行输入的数码已经转换成并行输出了。当再来一个 CP 脉冲时，电路又重新执行一次并行输入，为第二组串行数码转换做好了准备。

(2) 并/串行转换器。并/串行转换器是指并行输入的数码经转换电路之后，换成串行输出。

图 1.9.4 是用两片 CC40194(74LS194)组成的七位并/串行转换电路，它比图 1.9.3 多了两个与非门 G_1 和 G_2，电路工作方式同样为右移。

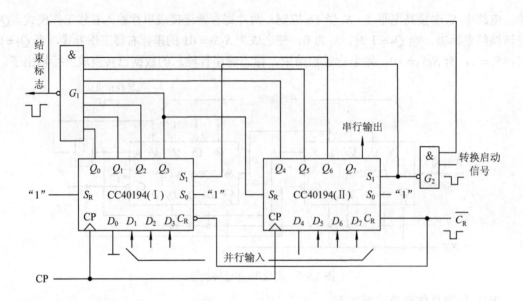

图 1.9.4　七位并/串行转换器

寄存器清零后，加一个转换启动信号(负脉冲或低电平)。此时，由于方式控制 S_1S_0 为 11，转换电路执行并行输入操作。当第一个 CP 时钟脉冲到来后，$Q_0Q_1Q_2Q_3Q_4Q_5Q_6Q_7$ 的状态为 $D_0D_1D_2D_3D_4D_5D_6D_7$，并行输入数码存入寄存器，从而使得 G_1 的输出为 1，G_2 输出为 0，结果 S_1S_0 变为 01，转换电路随着 CP 脉冲的加入，开始执行右移串行输出，随着 CP 脉冲的依次加入，输出状态依次右移，待右移操作 7 次后，$Q_0 \sim Q_6$ 的状态都为高电平 1，与非门 G_1 输出为低电平，G_2 门输出为高电平，S_1S_0 又变为 11，表示并/串行转换结束，且为第二次并行输入创造了条件。

中规模集成移位寄存器的位数往往以四位居多，当需要的位数多于四位时，可把几片移位寄存器用级联的方法来扩展位数。

三、预习报告要求

(1) 复习有关寄存器及串/并行转换器的有关内容。

(2) 查阅 CC40194、CC4011 及 CC4068 逻辑线路，熟悉其逻辑功能及引脚排列。

四、实验仪器和器件

(1) 数字电路实验台、数字示波器各一台。

(2) 芯片：CC40194(74LS194)两片，CC4011(74LS00)、CC4068(74LS30)各一片。

五、实验内容

1. 测试 CC40194(或 74LS194)的逻辑功能

按图 1.9.5 连线，$\overline{C_R}$、S_1、S_0、S_L、S_R、D_0、D_1、D_2、D_3 分别接至逻辑开关的输出插口；Q_0、Q_1、Q_2、Q_3 接至逻辑电平显示输入插口；CP 端接单次脉冲源。按表 1.9.3 所规定的输入状态，逐次进行测试。

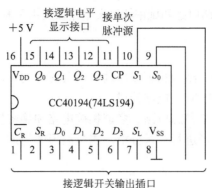

图 1.9.5 CC40194 逻辑功能测试

2. 环形计数器

自拟实验线路用并行送数法预置寄存器为某二进制数码(如 0100)然后进行右移循环，观察寄存器输出端状态的变化，自拟表格记录数据。

3. 实现数据的串/并行转换

(1) 串行输入、并行输出。按图 1.9.5 连线，进行右移串入、并出实验，串入数码自定；再改接线路用左移方式实现并行输出。自拟表格记录数据。

(2) 并行输入、串行输出。按图 1.9.5 接线，进行右移并入、串出实验，并入数码自定；再改接线路用左移方式实现串行输出。自拟表格记录数据。

4. 分频器的设计

用 74LS194 和 74LS00 设计分频器，分频系数为 7。

5. 彩灯控制电路设计

用 74LS194 设计彩灯控制电路，彩灯显示状态为循环发光显示：全亮、全灭间歇显示。

六、思考题

(1) 若串/并行转换器进行循环右移，图 1.9.5 接线应如何连接？

(2) 用两片 CC40194 构成的七位左移并/串行转换器线路该如何改动？

七、实验报告要求

(1) 分析表 1.9.3 的实验结果，总结移位寄存器 CC40194 的逻辑功能并写入表格功能总结一栏中。

(2) 根据实验内容 2 的结果，画出四位环形计数器的状态转换图及波形图。

实验 1.10 555 时基电路及其应用

555 定时器是数字、模拟混合型的集成电路，利用它可以方便地构成施密特触发器、单稳态触发器和多谐振荡器等功能电路。由于其使用灵活、方便，因而在数字设备、工业控制、家用电器、电子玩具等许多领域都得到了广泛的应用。本次实验主要熟悉 555 定时器构成单稳态电路、多谐振荡电路和施密特触发电路以及用示波器对其波形进行观察和分析。

一、实验目的

(1) 掌握 555 时基电路的结构和工作原理，学会芯片的正确使用。
(2) 学会分析和测试 555 时基电路构成。
(3) 掌握用定时器构成单稳态电路、多谐振荡电路和施密特触发电路等。
(4) 学习用示波器对波形进行定量分析，测量波形的周期、脉宽和幅值等。

二、实验原理

集成时基电路又称为集成定时器或 555 电路，555 集成定时器是模拟功能和数字逻辑功能相结合的一种双极型集成器件。外加电阻、电容可以组成性能稳定且精确的多谐振荡器、单稳电路、施密特触发器等，应用十分广泛。集成时基电路是一种产生时间延迟和多种脉冲信号的电路，由于内部电压标准使用了三个 5 kΩ 电阻，故取名 555 电路。其电路类型有双极型和 CMOS 型两大类，二者的结构与工作原理类似。几乎所有的双极型产品型号最后的三位数码都是 555 或 556；所有的 CMOS 产品型号最后四位数码都是 7555 或 7556，二者的逻辑功能和引脚排列完全相同，易于互换。555 和 7555 是单定时器，556 和 7556 是双定时器。双极型的电源电压 $V_{CC}=+5\sim+15$ V，输出的最大电流可达 200 mA，CMOS 型的电源电压为 $+3\sim+18$ V。

1. 555 电路的工作原理

555 电路的内部电路框图如图 1.10.1 所示。

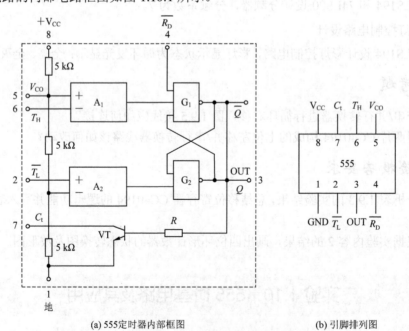

(a) 555定时器内部框图　　　　　(b) 引脚排列图

GND—接地端；V_{CC}—电源端；$\overline{T_L}$—低触发输入端；T_H—高触发输入端；OUT—输出端；

$\overline{R_D}$—强复位端；V_{CO}—电压控制端；C_t—放电端

图 1.10.1　555 定时器内部框图及引脚排列图

555 定时器含有两个电压比较器，一个基本 RS 触发器，一个放电开关管 VT，比较器的参考电压由三只 5 kΩ 电阻器构成的分压器提供。它们分别使高电平比较器 A_1 的同相输入端和低电平比较器 A_2 的反相输入端的参考电平为 $2V_{CC}/3$ 和 $V_{CC}/3$。A_1 与 A_2 的输出端控制 RS 触发器状态和放电管开关状态。当输入信号自 6 脚，即高电平触发输入并超过参考电平 $V_{CC}/3$ 时，触发器复位，555 的输出端 3 脚输出低电平，同时放电开关管导通；当输入信号自 2 脚输入并低于 $V_{CC}/3$ 时，触发器置位，555 的 3 脚输出高电平，同时放电开关管截止，如表 1.10.1 所示。

表 1.10.1　555 芯片功能表

T_H 阈值	$\overline{T_L}$ 触发	$\overline{R_D}$ 复位	OUT 输出	C_t 放电端
×	×	L	L	导通
$> 2V_{CC}/3$	$> V_{CC}/3$	H	L	导通
$< 2V_{CC}/3$	$> V_{CC}/3$	H	原状态(保持)	
×	$< V_{CC}/3$	H	H	截止(关断)

555 定时器引脚说明如下：

(1) $\overline{R_D}$ 是复位端(4 脚)，当 $\overline{R_D} = 0$，555 输出低电平，C_t 端导通。平时 $\overline{R_D}$ 端开路或接 V_{CC}。

(2) T_H 高电平触发端：当 T_H 端电压大于 $2V_{CC}/3$ 时，OUT 输出端呈低电平，C_t 端导通。

(3) $\overline{T_L}$ 低电平触发端：当 $\overline{T_L}$ 当端电压小于 $V_{CC}/3$ 时，OUT 输出端呈现高电平，C_t 端关断。

(4) V_{CO} 控制电压端：V_C 接不同的电压值可以改变 T_H、$\overline{T_L}$ 的触发电平值。

(5) C_t 放电端：C_t 放电端的导通或关断为 RC 回路提供了放电或充电的通路。

(6) OUT 输出端：由 A_1 和 A_2 两个比较器的值决定其输出。

V_{CO} 控制电压端(5 脚)是比较器 A_1 的基准电压端，分压输出 $2V_{CC}/3$ 作为比较器 A_2 的参考电平，当 5 脚外接一个输入电压时，即改变了比较器的参考电平，从而实现对输出的另一种控制，通过外接元件或电压源可改变控制端的电压值，即可改变比较器 A_1、A_2 的参考电压。不用时可将它与地之间接一个 $0.01\ \mu F$ 的电容，以防止干扰电压引入，起滤波作用，以消除外来的干扰，以确保参考电平的稳定。555 的电源电压范围是 $+4.5 \sim +18\ V$，输出电流可达 $100 \sim 200\ mA$，能直接驱动小型电机、继电器和低阻抗扬声器。

VT 为放电开关管，当 VT 导通时，将给接于脚 7 的电容器提供低阻放电通路。

555 定时器主要是与电阻、电容构成充放电电路，并由两个比较器来检测电容器上的电压，以确定输出电平的高低和放电开关管的通断。这就很方便地构成从微秒到数十分钟的延时电路，可方便地构成单稳态触发器、多谐振荡器和施密特触发器等脉冲产生及波形变换电路。

2. 555 定时器的典型应用

1) 构成单稳态触发器

图 1.10.2(a)为由 555 定时器和外接定时元件 R、C 构成的单稳态触发器。触发电路由

C_1、R_1、D 构成，其中 VD 为钳位二极管，稳态时 555 电路输入端处于电源电平，内部放电开关管 VT 导通，输出端 OUT 输出低电平。当有一个外部负脉冲触发信号经 C_1 加到 2 端，并使 2 端电位瞬时低于 $V_{CC}/3$ 时，低电平比较器动作，单稳态电路即开始一个暂态过程，电容 C 开始充电，V_C 按指数规律增长。当 V_C 充电到 $2V_{CC}/3$ 时，高电平比较器动作，比较器 A_1 翻转，输出 V_O 从高电平返回低电平，放电开关管 VT 重新导通，电容 C 上的电荷很快经放电开关管放电，暂态结束，恢复稳态，为下个触发脉冲的来到作好准备。波形图如图 1.10.2(b)所示。

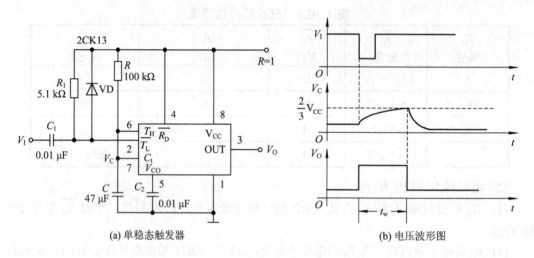

(a) 单稳态触发器   (b) 电压波形图

图 1.10.2 单稳态触发器结构及电压波形图

暂稳态的持续时间 t_w(即为延时时间)决定于外接元件 R、C 值的大小。

$$t_w = 1.1RC$$

该电路工作正常时，要求输入脉冲宽度一定要小于 t_w，如果 V_I 的脉宽大于 t_w，可在输入端加 RC 微分电路。

通过改变 R、C 的大小，可使延时时间在几个微秒到几十分钟之间变化。当这种单稳态电路作为计时器时，可直接驱动小型继电器，并可以使用复位端(4 脚)接地的方法来中止暂态，重新计时。此外尚须用一个续流二极管与继电器线圈并接，以防继电器线圈反电势损坏内部功率管。

2) 构成多谐振荡器

如图 1.10.3(a)，由 555 定时器和外接元件 R_1、R_2、C构成多谐振荡器，脚 2 与脚 6 直接相连。电路没有稳态，仅存在两个暂稳态，电路亦不需要外加触发信号，利用电源通过 R_1、R_2 向 C 充电，以及 C 通过 R_2 向放电端 C_t 放电，使电路产生振荡。电容 C 在 $V_{CC}/3$ 和 $2V_{CC}/3$ 之间充电和放电，其波形如图 1.10.3(b)所示。

输出信号的时间参数是

$$T = t_{w1} + t_{w2}$$

$$t_{w1} = 0.7(R_1 + R_2)C$$

$$t_{w2} = 0.7R_2C$$

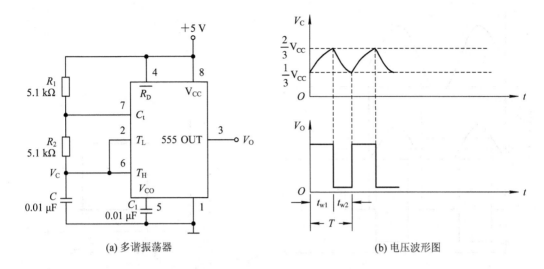

(a) 多谐振荡器

(b) 电压波形图

图 1.10.3　多谐振荡器结构及电压波形图

555 电路要求 R_1 与 R_2 均应大于或等于 1 kΩ，但 $R_1 + R_2$ 应小于或等于 3.3 MΩ。

外部元件的稳定性决定了多谐振荡器的稳定性，555 定时器配以少量的元件即可获得较高精度的振荡频率和具有较强的功率输出能力。因此，这种形式的多谐振荡器应用很广。

3) 施密特触发器

施密特触发器电路如图 1.10.4，只要将脚 2、6 连在一起作为信号输入端，即得到施密特触发器。

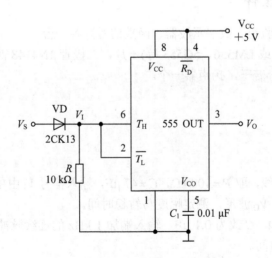

图 1.10.4　施密特触发器电路图

图 1.10.5 为 V_S，V_I 和 V_O 的波形图。设被整形变换的电压为正弦波 V_S，其正半波通过二极管 VD 同时加到 555 定时器的 2 脚和 6 脚，得 V_I 为半波整流波形。当 V_I 上升到 $2V_{CC}/3$ 时，V_O 从高电平翻转为低电平；当 V_I 下降到 $V_{CC}/3$ 时，V_O 又从低电平翻转为高电平。电路的电压传输特性曲线如图 1.10.6 所示。

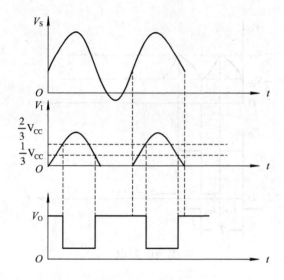

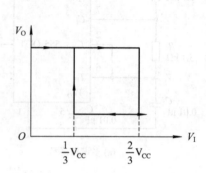

图 1.10.5　波形变换图　　　　　　　　　图 1.10.6　电压传输特性曲线图

三、实验预习要求

(1) 复习有关 555 定时器的工作原理及其应用。

(2) 拟定实验中所需的数据、表格等。

(3) 如何用示波器测定施密特触发器的电压传输特性曲线？

(4) 拟定实验的步骤和方法。

四、实验仪器与器件

(1) 设备：数电实验箱、数字示波器、函数信号源各一台。

(2) 器件：NE555(或 LM556，5G555 等)一片，二极管 1N4148 两只，电位器 22 kΩ，1 kΩ 两只，电阻、电容若干，扬声器一个。

五、实验内容

1. 基础性实验

1) 单稳态触发器

(1) 按图 1.10.2 连线，取 $R=100$ kΩ，$C=47$ μF，输入信号 V_I 由单脉冲电源提供，用双踪示波器观测 V_I，V_C，V_O 波形，测定幅度与暂稳时间。

(2) 将 R 改为 1 kΩ，C 改为 0.1 μF，输入端加 1 kHz 的连续脉冲，观测波形 V_I，V_C，V_O，测定幅度及暂稳时间。

2) 多谐振荡器

按图 1.10.3 接线，用双踪示波器观测 V_C 与 V_O 的波形，测定频率。

3) 施密特触发器

按图 1.10.4 接线，输入信号由函数信号源提供，预先调好 V_S 的频率为 1 kHz，接通电源，逐渐加大 V_S 的幅度，观测输出波形，测绘电压传输特性，算出回差电压 ΔU。

2. 提高性实验

1) 组成占空比可调的多谐振荡器

如图 1.10.7 所示，电路增加了一个电位器和两个导引二极管。VD_1、VD_2 用来决定电容充、放电电流流经电阻的途径(充电时 VD_1 导通，VD_2 截止；放电时 VD_2 导通，VD_1 截止)。

$$占空比 \quad P = \frac{t_{w1}}{t_{w1} + t_{w2}} \approx \frac{0.7R_A C}{0.7C(R_A + R_B)} = \frac{R_A}{R_A + R_B}$$

可见，若取 $R_A = R_B$ 电路即可输出占空比为 50% 的方波信号。

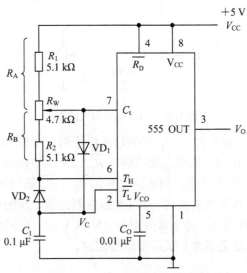

图 1.10.7　占空比可调的多谐振荡器电路图

2) 组成占空比连续可调并能调节振荡频率的多谐振荡器

电路如图 1.10.8 所示。对 C_1 充电时，电流通过 R_1、VD_1、R_{W2} 和 R_{W1}；放电时电流通过 R_{W1}、R_{W2}、VD_2、R_2。当 $R_1 = R_2$，R_{W2} 调至中心点时，因充放电时间基本相等，其占空比约为 50%，此时调节 R_{W1} 仅改变频率，占空比不变。如 R_{W2} 调至偏离中心点，再调节 R_{W1}，不仅振荡频率改变，而且对占空比也有影响。R_{W1} 不变，调节 R_{W2}，仅改变占空比，对频率无影响。因此，当接通电源后，应首先调节 R_{W1} 使频率至规定值，再调节 R_{W2}，以获得需要的占空比。若频率调节的范围比较大，还可以用波段开关改变 C_1 的值。

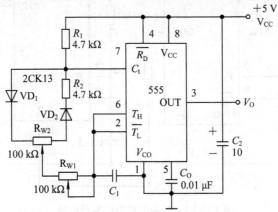

图 1.10.8　占空比与频率均可调的多谐振荡器电路图

3) 555 时基电路构成的 RS 触发器

RS 触发器电路如图 1.10.9 所示。

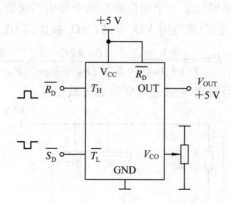

图 1.10.9　RS 触发器电路图

(1) 先令 V_{CO} 端悬空，调节 $\overline{R_D}$、$\overline{S_D}$ 端的输入电平值，观察 V_o 的状态在什么时候由 0 变为 1，或由 1 变为 0？测出 V_o 的状态切换时，$\overline{R_D}$、$\overline{S_D}$ 端的电平值。

(2) 若要保持 V_o 端的状态不变，用实验法测定 $\overline{R_D}$、$\overline{S_D}$ 端应在什么电平范围内？

整理实验数据，列成真值表的形式，和 RS 触发器比较，逻辑电平，功能等有何异同。

(3) 若在 V_{CO} 端加直流电压，并令其分别为 2 V、4 V 时，测出此时 V_o 状态保持和切换时 $\overline{R_D}$、$\overline{S_D}$ 端应加的电压值是多少？试用实验法测定。

4) 模拟声响电路

按图 1.10.10 接线，NE556 组成两个多谐振荡器，调节定时元件，使 I 输出较低频率，II 输出较高频率，连好线，接通电源，试听音响效果。调换外接阻容元件，再试听音响效果。

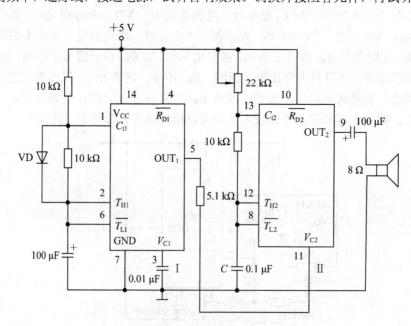

图 1.10.10　时基电路组成警铃电路

(1) 图 1.10.10 中未定元件参数，自行调整。

(2) 按图 1.10.10 接线，注意扬声器先不接。

(3) 用示波器观察输出波形并记录。

(4) 接上扬声器，调整参数到声响效果满意。

六、思考题

(1) 单稳电路对输入信号的周期与占空比有无要求，如何选择输入信号的周期与占空比？

(2) 如何调节多谐振荡器的振荡频率？

七、实验报告

1. 基础性实验报告

(1) 绘出详细的实验线路图，定量绘出观测到的波形。

(2) 分析、总结实验结果。

(3) 汇总实验数据，将实验数据与理论数据相比较，分析误差原因。

(4) 若要求设计占空比可调的多谐振荡电路，电路应如何改进？

(5) 实验过程中出现了什么故障？如何解决？

2. 提高性实验报告

(1) 按实验内容各步骤要求整理实验数据。

(2) 画出实验内容 1、2.中的相应波形图。

① 按图 1.10.1 接线，组成占空比为 50% 的方波信号发生器。观测 V_C，V_O 波形，测定波形参数。

② 按图 1.10.2 接线，通过调节 R_{W1} 和 R_{W2} 来观测输出波形。

(3) 画出实验内容最终调试满意的电路图并标出各元件参数。

(4) 总结时基电路基本电路及使用方法。

实验 1.11 A/D、D/A 转换器

D/A 转换器，即为数模转换器，它是把数字量转变为模拟量的器件。A/D 转换器即为模数转换器，它是把连续的模拟量转变为离散数字量的器件。D/A 转换器和 A/D 转换器是连接数字世界和模拟世界的桥梁，在现代信息技术中具有举足轻重的作用。本次实验将重点学习两种转换器的工作原理、基本结构和一些应用。

一、实验目的

(1) 了解 A/D 转换器的基本工作原理和基本结构。

(2) 掌握集成 A/D 转换器的功能及其典型应用。

(3) 了解 D/A 转换器的基本结构和基本工作原理。

(4) 掌握集成 D/A 转换器的功能及其典型应用。

二、实验原理

在数字电子技术的很多应用场合中往往需要把模拟信号量转换为数字量，称为模/数转换器(A/D 转换器，简称 ADC(Analog to Digital Converter))；或把数字量转换成模拟量，称为数/模转换器(D/A 转换器，简称 DAC(Digital to Analog Converter))。完成这种转换的电路有多种，特别是单片大规模集成 A/D、D/A 转换器问世，为实现上述的转换提供了极大的方便。使用者可借助于手册提供的器件性能指标及典型应用电路，即可正确使用这些器件。本实验将采用 DAC0832 实现 D/A 转换，ADC0809 实现 A/D 转换。

1. A/D 转换器 ADC0809

ADC0809 是采用 CMOS 工艺制成的单片八位八通道逐次渐近型模/数转换器，其逻辑框图及引脚排列如图 1.11.1 所示。

器件的核心部分是八位 A/D 转换器，它由比较器、逐次渐近寄存器、D/A 转换器及控制和定时五部分组成。

ADC0809 的引脚功能说明如下。

$IN_0 \sim IN_7$：八路模拟信号输入端。

A_2、A_1、A_0：地址输入选通控制端。

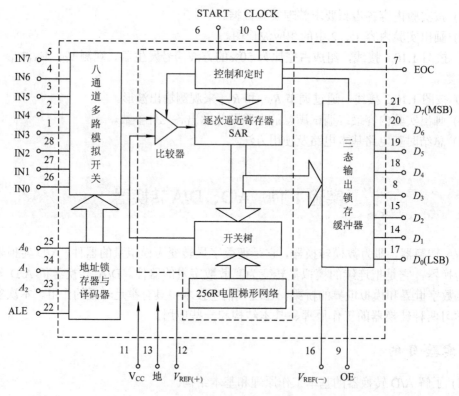

(a)

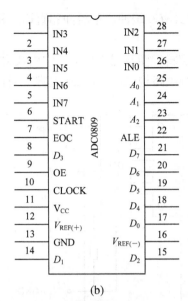

(b)

图 1.11.1　ADC0809 转换器逻辑框图及引脚排列

ALE：地址锁存允许输入信号，在 ALE 施加正脉冲(上升沿有效)时，此时地址码被锁存，从而选通相应的模拟信号通道，送 A/D 转换器进行 A/D 转换。

START：启动信号输入端，启动 A/D 转换时应在此脚施加正脉冲，当上升沿到达时，内部逐次逼近寄存器复位，在下降沿到达后，开始 A/D 转换过程。

EOC：A/D 转换结束信号，输出，当 A/D 转换结束时，此端输出一个高电平(转换期间一直为低电平)。

OE：数据输出允许信号，输入，高电平有效。当 A/D 转换结束时，此端输入一个高电平，才能打开输出三态门，输出数字量。

CLOCK(CP)：时钟信号输入端，外接时钟频率一般为 640 kHz。

V_{CC}：+5 V 单电源供电。

$V_{REF}(+)$、$V_{REF}(-)$：基准电压的正极、负极。一般 $V_{REF}(+)$ 接 +5 V 电源，$V_{REF}(-)$ 接地。

$D_7 \sim D_0$：数字信号输出端。

器件由八位逐次渐近型 A/D 转换器、地址锁存与译码电路，模拟开关和三态输出锁存器等部分组成。$IN_0 \sim IN_7$ 是八路模拟信号输入端；A_2、A_1、A_0 是地址输入端。根据 $A_2A_1A_0$ 的地址编码选通八路模拟信号 $IN_0 \sim IN_7$ 中的任何一路进行 A/D 转换，地址译码与模拟输入通道的选通关系，如表 1.11.1 所示。

表 1.11.1　地址译码与模拟输入通道的选通关系

被选模拟通道		IN_0	IN_1	IN_2	IN_3	IN_4	IN_5	IN_6	IN_7
地	A_2	0	0	0	0	1	1	1	1
	A_1	0	0	1	1	0	0	1	1
址	A_0	0	1	0	1	0	1	0	1

2. DAC0832 原理介绍

DAC0832 是 CMOS 型的八位乘法 D/A 转换器，可直接与其他微处理器接口。由于该电路采用双缓冲储存器，使它具有双缓冲、单缓冲和直通三种工作方式，使用起来具有更大的灵活性。

图 1.11.2 是 DAC0832 的逻辑框图及引脚排列。它由八位输入寄存器、八位 DAC 寄存器、八位乘法 DAC 和转换控制电路构成，采用 20 引脚双列直插封装。

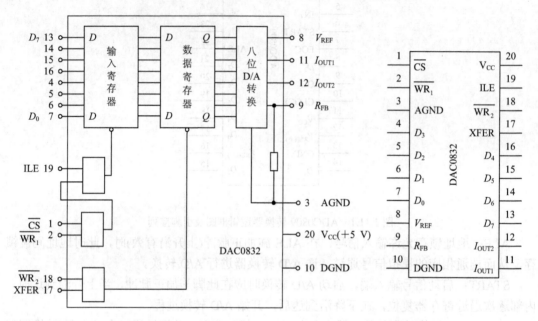

图 1.11.2　DAC0832 单片 D/A 转换器逻辑框图和引脚排列

器件的核心部分采用倒 T 形电阻网络的八位 D/A 转换器，如图 1.11.3 所示。它是由倒 T 形 R-$2R$ 电阻网络、模拟开关、运算放大器和参考电压 V_{REF} 四部分组成。

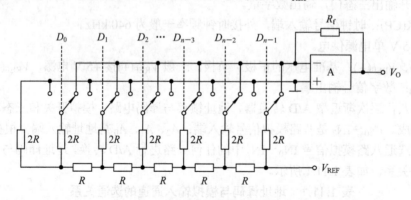

图 1.11.3　倒 T 形电阻网络 D/A 转换电路

运放的输出电压为

$$V_O = \frac{V_{REF} \cdot R_f}{2^n R}(D_{n-1} \cdot 2^{n-1} + D_{n-2} \cdot 2^{n-2} + \cdots + D_0 \cdot 2^0)$$

由上式可见，输出电压 V_O 与输入的数字量成正比，这就实现了从数字量到模拟量的转换。

一个八位的 D/A 转换器，它有八个输入端，每个输入端是八位二进制数的一位，有一个模拟输出端，输入可有 $2^8 = 256$ 个不同的二进制组态，输出为 256 个电压之一，即输出电压不是整个电压范围内任意值，而只能是 256 个可能值。

DAC0832 各引脚介绍如下：

CS：输入寄存器选通信号，低电平有效，同 ILE 组合选通 WR₁。

ILE：输入寄存器允许信号，高电平有效，与 CS 组合选通 WR₁。

WR₁：SHR 寄存器写信号，低电平有效，在 CS 与 ILE 均有效的条件下，WR₁ 为低，则将输入数字信号装入输入寄存器。

XFER：传送控制信号，低电平有效，用来控制 WR₂ 选通 DAC 寄存器。

WR₂：DAC 寄存器写信号，低电平有效，当 WR₂ 和 XFER 同时有效时，将输入寄存器的数据装入 DAC 寄存器。

D_0～D_7：八位数字信号数据端，D_0 是最低位(LSB)，D_7 是最高位(MSB)。

I_{OUT1}：DAC 电流输出 1，对于 DAC 寄存器输出全为"1"时，I_{OUT1} 最大；而 DAC 寄存器输出全为"0"时，I_{OUT1} 为零。

I_{OUT2}：DAC 电流输出 2，对于 DAC 寄存器输出全为"0"时，I_{OUT2} 最大；反之，I_{OUT2} 为零，即满足 $I_{OUT1} + I_{OUT2}$ = 常数。

R_{FB}：反馈电阻连接端，与外接运算放大器输出端连接，用来做这个外部输出运算放大器的反馈电阻。

V_{REF}：参考电压输入端，电压范围为 −10～+10 V。

V_{CC}：电源电压，可以从 +5～+15 V 选用，用 +15 V 是最佳工作状态。

AGND：模拟接地端。

DGND：数字接地端。

DGND 数字接地端和 AGND 模拟接地端可接在一起使用。

DAC0832 中的八位 D/A 转换器是由倒 T 形电阻网络和电子开关组成，内部没有参考电压，工作时需外接参考电压；并且该芯片为电流输出型 D/A 转换器，要获得模拟电压输出时，需外加运算放大器组成模拟电压输出电路。DAC0832 输出的是电流，要转换为电压，还必须经过一个外接的运算放大器，如图 1.11.4 所示。

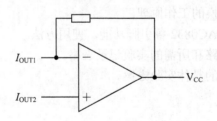

图 1.11.4　模拟电压输出电路

图 1.11.4 中输出电压为

$$V_O = -\frac{V_{REF}}{2^8}(2^7D_7 + 2^6D_6 + \cdots + 2^1D_1 + 2^0D_0)$$

根据上式可知：当 V_{REF} 一定时，输出模拟电压是单极性的，此时 DAC0832 单极使用。如果要产生双极性模拟输出，加入一个偏移电路将 DAC0832 双极使用即可，如图 1.11.5 所示。

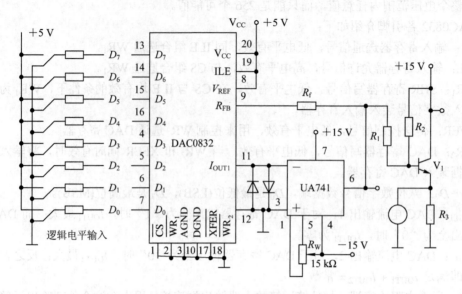

图 1.11.5 D/A 转换器实验电路

图 1.11.5 电路的数字输入为偏移码，在控制信号 WR 为低电平时才能将其装入输入寄存器，并经过 A/D 寄存器和 D/A 转换器转换为相应的模拟电压输出。

在上面的电路中，由外接负参考电压源产生一个与最高位权电流数量相等、极性相反的偏移电流 $I/2$，把它送入运放求和点，运放产生的模拟输出电压为

$$V_O' = -\left(I_{OUT1} - \frac{I}{2}\right) \cdot R_{FB} = -\frac{V_{REF}}{2^8}(2^7 D_7 + 2^6 D_6 + \cdots + 2^1 D_1 + 2^0 D_0) + \frac{V_{REF}}{2}$$

在这种情况下，输出模拟电压的动态范围没有变化，单极性运用时为 0~5 V，现在双极性运用则是 −2.5~+2.5 V。

三、实验预习要求

(1) 复习 A/D、D/A 转换的工作原理。

(2) 熟悉 ADC0809、DAC0832 各引脚功能，使用方法。

(3) 绘好完整的实验线路和所需的实验记录表格。

(4) 拟定各个实验内容的具体实验方案。

四、实验仪器及器件

(1) 仪器设备：数电实验箱一台，数字万用表一块。

(2) 芯片：ADC0809 芯片一片，运放 UA741 两块，DAC0832 一块，电阻若干。

五、实验内容

1. A/D 转换器——ADC0809

(1) 八路输入模拟信号 1~4.5 V，由 +5 V 电源经电阻 $R = 1 \text{ k}\Omega$ 分压组成；变换结果 $D_0 \sim D_7$ 接逻辑电平显示器输入插口，CP 时钟脉冲由计数脉冲源提供，取 $f = 100 \text{ kHz}$；

$A_0 \sim A_2$ 地址端接逻辑电平输出插口。

(2) 接通电源后，在启动端(START)加一正单次脉冲，下降沿一到即开始 A/D 转换。

(3) 按表 1.11.2 的要求观察，记录 $IN_0 \sim IN_7$ 八路模拟信号的转换结果，并将转换结果换算成十进制数表示的电压值，并与数字电压表实测的各路输入电压值进行比较，分析误差原因，按图 1.11.6 接线。

表 1.11.2　$IN_0 \sim IN_7$ 八路模拟信号转换表

被选模拟通道	输入模拟量	地 址			输 出 数 字 量								
IN	V_1/V	A_2	A_1	A_0	D_7	D_6	D_5	D_4	D_3	D_2	D_1	D_0	十进制
IN_0	4.5	0	0	0									
IN_1	4.0	0	0	1									
IN_2	3.5	0	1	0									
IN_3	3.0	0	1	1									
IN_4	2.5	1	0	0									
IN_5	2.0	1	0	1									
IN_6	1.5	1	1	0									
IN_7	1.0	1	1	1									

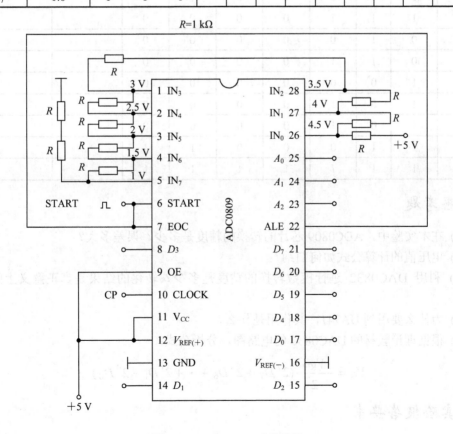

图 1.11.6　ADC0809 实验线路

2. D/A 转换——DAC0832

(1) 按图 1.11.6 接线，电路接成直通方式，即 $\overline{CS}$、$\overline{WR_1}$、$\overline{WR_2}$、$\overline{XFER}$ 接地；ALE、V_{CC}、V_{REF} 接 +5 V 电源；运放电源接 ±15 V；$D_0 \sim D_7$ 接逻辑开关的输出插口，输出端 V_O 接直流数字电压表。

(2) 调零，令 $D_0 \sim D_7$ 全置零，调节运放的电位器使 UA741 输出为零。

(3) 按表 1.11.3 所列的输入数字信号的不同取值，用数字电压表测量运放的模拟输出电压 V_O，并将测量结果填入表中，并与理论值进行比较。然后再输入数字信号，并记入表 1.11.3 中。

表 1.11.3　模拟输出电压表

| 输 入 数 字 量 | | | | | | | | 输出模拟电压(V_0) | |
D_7	D_6	D_5	D_4	D_3	D_2	D_1	D_0	计算值	测量值
0	0	0	0	0	0	0	0		
0	0	0	1	0	0	0	0		
0	0	1	0	0	0	0	0		
0	0	1	1	0	0	0	0		
0	1	0	1	0	0	0	0		
0	1	1	0	0	0	0	0		
0	1	1	1	0	0	0	0		
1	0	0	1	0	0	0	0		
1	0	1	1	0	0	0	0		
1	1	0	0	0	0	0	0		
1	1	0	1	0	0	0	0		
1	1	1	0	0	0	0	0		
1	1	1	0	0	0	1	1		
1	1	1	1	1	1	1	1		

六、思考题

(1) 在本实验中，ADC0809 芯片的转换的精度是多少？误差多大？

(2) 电压值的计算公式如何归纳？

(3) 利用 DAC0832 进行模数转换的精度是多少？转化的结果是真正意义上的模拟量吗？

(4) 为什么要用到 UA741，其作用是什么？

(5) 根据理论教材的 DAC0832 的电路图，分析公式：

$$V_O = -\frac{V_{REF}}{2^8}(2^7 D_7 + 2^6 D_6 + \cdots + 2^1 D_1 + 2^0 D_0)$$

七、实验报告要求

(1) 整理实验数据，分析实验结果。

(2) 画出实验电路图。

(3) 回答思考题。

(4) 记录整理实验过程中的数据并分析结果。

实验 1.12　简易数字钟的设计

数字钟是由数字集成电路构成，用数码显示的一种现代计时器，与传统机械表相比，它具有走时准确、显示直观、无机械传动装置等特点，广泛应用于商店、车站、机场、码头等公共场所。本次实验属于综合性实验，要求综合运用所学理论知识，设计与制作具有较复杂功能的数字系统，是对数字逻辑电路知识学习的一次升华和提高。

一、实验目的

(1) 掌握数字计时器的工作原理及其应用。

(2) 进一步熟悉 74 系列常用集成芯片的应用，提高对硬件电路的分析能力。

(3) 掌握较复杂逻辑电路的设计方法。

(4) 学会单元电路的设计方法。

二、实验原理

数字计时器的原理框图如图 1.12.1 所示，电路由振荡器、分频器、计数器、译码器、显示器等几部分组成。其中振荡器和分频器产生标准秒脉冲输出信号 V_{O2}，再由不同进制的计数器、译码器和显示器组成计时系统。秒脉冲信号送入计时器进行计数，把累计的结果以"时"、"分"和"秒"的数字显示出来。"时"显示由二十四进制时计数器、译码器和时显示器构成；"分"显示由六十进制分计数器、译码器和分显示器构成；"秒"显示由六十进制秒计数器、译码器和秒显示器构成。电路中的全部译码器均使用 4-7 译码器/驱动器 74LS48，该器件的引脚排列参见本书附录 C。电路中的全部显示器均使用七段荧光数码管。

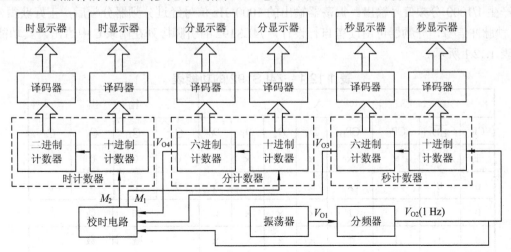

图 1.12.1　数字钟原理框图

数字钟设计要求如下：

(1) 设计一个具有"时"、"分"和"秒"的十进制数字显示(小时从 00～23)的计时器。

(2) 具有手动校时、校分的功能。

(3) 采用 TTL74 系列的中、小规模集成器件来实现。

1．振荡器

振荡器是计时器的核心，常用的多谐振荡器有 RC 振荡器和石英晶体振荡器。振荡器的稳定度和频率的精准度决定了计时器的准确度，通常选用石英晶体来构成振荡电路。一般来说，振荡器的频率越高，计时的精度就越高，但耗电量将增大。设计电路时，可根据需要设计出最佳电路。由 555 定时器构成的 RC 多谐振荡电路的电路结构已由图 1.10.3 给出。石英晶体振荡器的电路原理如图 1.12.2 所示，此电路是采用六反相器 74LS04 芯片构成的 1000 Hz 振荡器，其中与石英晶体串联的微调电容，用于振荡器频率的微量调节。振荡器的输出 V_{O1} 送到分频器，经 1000 分频后产生周期为 1 s 的秒脉冲信号。

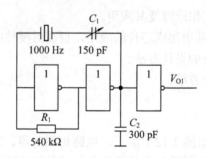

图 1.12.2　振荡器电路原理

2．分频器

分频器用于产生周期为 1 s 的秒脉冲信号，并可提供功能扩展电路所需要的信号，如仿电台报时用的 1000 Hz 的高音频率信号和 500 Hz 的低音频率信号等。分频器由三片十进制计数器 74LS192 级联构成。每片 74LS192 产生 1/10 分频信号输出，三片 74LS192 级联后产生 1/1000 分频信号输出。振荡器输出的 1000 Hz 信号经过分频器分频后，正好获得 1 Hz 秒脉冲信号，分频器可由读者自行设计，74LS192 的引脚排列在附录 C 中给出，其功能如表 1.12.1 所示。

表 1.12.1　74LS192 的功能表

输　　入								输　　出			
CR	$\overline{LD}$	CP_U	CP_D	D_3	D_2	D_1	D_0	Q_3	Q_2	Q_1	Q_0
1	×	×	×	×	×	×	×	0	0	0	0
0	0	×	×	d	c	b	a	d	c	b	a
0	1	↑	1	×	×	×	×	加　计　数			
0	1	1	↑	×	×	×	×	减　计　数			

3. 计数器

由如图 1.12.1 所示的数字钟原理框图可知。需要六片计数器实现"时"、"分"和"秒"计时分频。其中，"秒"和"分"计时需要构成六十进制计数器，"时"计时需要构成二十四进制计数器。六十进制计数器和二十四进制计数器都选用十进制计数器74LS192 加入反馈复位电路来实现。实现六十进制秒计数器、六十进制分计数器和二十四进制时计数器的电路原理图分别如图 1.12.3、图 1.12.4 和图 1.12.5 所示。各计数器的输出经 74LS48 译码后，送入七段数码显示器显示计数的结果。

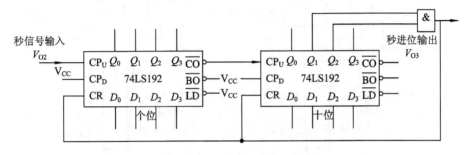

图 1.12.3　六十进制秒计数器

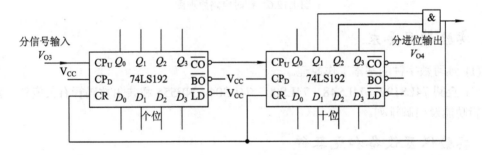

图 1.12.4　六十进制分计数器

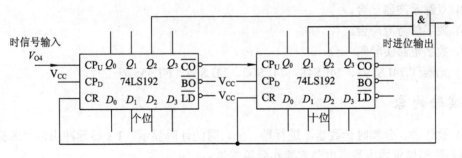

图 1.12.5　二十四进制时计数器

4. 校时电路

当出现计时误差时可用校时电路对时间进行校正。校时电路如图 1.12.6 所示。S_1、S_2 分别是分校正和时校正按键开关。不校正时，S_1、S_2 是断开的，秒计数器的进位脉冲 V_{O3} 进入分校正时电路输出 M_1 作为分计数器的分信号输入；当需要校正分计数时间时，将 S_1 闭合，用 1 Hz 校正脉冲 V_{O2} 作为分计数器的分信号输入来校正分计数器。同理，按动 S_2

开关，可以对时计数器进行校时操作。

在校时电路中，使用了两片四 2 输入与非门 74LS00，74LS00 的引脚排列参见附录 C。

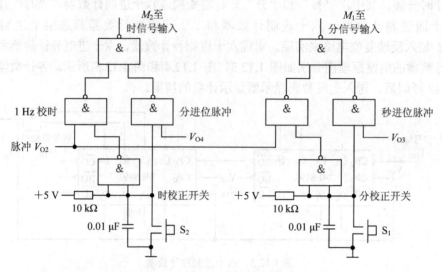

图 1.12.6　校时电路原理图

三、实验预习要求

(1) 预习数字钟的基本工作原理。

(2) 查阅 74LS192、74LS48、74LS00、74LS04、NE555 和共阴数码管有关资料，熟悉其逻辑功能及引脚排列。

四、实验仪器设备和元器件

(1) 台式万用表一台。

(2) 双踪示波器一台。

(3) 数字信号源一台。

(4) 数字电路实验箱一台。

(5) 元器件 74LS192、74LS48、74LS00、74LS04、NE555 若干片。

五、实验内容

(1) 设计秒、分和时计数器，进行秒、分、时的计时显示。1 s 秒脉冲由信号源提供，译码器和数码显示器由数字电路实验实验箱提供。

(2) 设计分频器将 1000 Hz 的输入信号分频后产生 1 Hz 信号输出。1000 Hz 信号由信号源提供，输出产生的 1 Hz 的信号送入秒计时器。

(3) 用 555 设计周期为 1000 Hz 的振荡器，并将其输出信号送入分频器分频产生 1 Hz 秒冲信号。

(4) 用 74LS48 及共阴数码管设计译码驱动显示电路。

(5) 将上述各电路按照图 1.12.1 所示的数字钟原理框图连接构成数字钟计时系统。

六、思考题

(1) 如何进一步给数字钟加入星期、月计时功能？

(2) 在前面的基础上如何实现整点报时、定时报闹、星期显示等功能？

七、实验报告要求

(1) 记录电路设计与检测结果，并对结果进行分析。

(2) 记录计数状态，并画出实验波形。

(3) 回答思考题。

(4) 写出心得体会与建议。

实验 1.13　可定时多路数显抢答器的设计

在当下各种比赛中可定时抢答器是一种非常受欢迎的设备，它可以快速有效地分辨出最先抢答到的选手。可定时抢答器作为一种工具，已广泛应用于各种智力和知识竞赛场合。本次实验属于综合性实验，要求综合运用所学理论知识，设计与制作具有较复杂功能的数字系统，是对数字逻辑电路知识学习的一次升华和提高。

一、实验目的

(1) 掌握可定时的八路数显抢答器的工作原理及其设计方法。

(2) 进一步熟悉 74 系列常用集成芯片的应用，提高对硬件电路的分析能力。

(3) 掌握较为复杂的逻辑电路的设计方法。

(4) 学会单元电路的设计方法。

二、实验原理

抢答电路有两个功能：一是能分辨出选手按键的先后，并锁存优先抢答者的编号，供译码显示电路用；二是可使其他选手的按键无效。抢答器除具有基本的抢答功能外，还具有定时、计时和报警功能。主持人通过时间预设开关提供抢答的时间，系统将完成自动倒计时。若在规定的时间内有人抢答，则计时将自动停止；若在规定的时间内无人抢答，则系统中的蜂鸣器将发响，提示主持人本轮抢答无效，实现报警功能。

1. 数字抢答器总体方框图

图 1.13.1 所示为数字抢答器总体方框图。其工作原理为：接通电源后，主持人将开关拨到"清零"状态，抢答器处于禁止状态，编号显示器灭灯，可定时器显示设定时间；主持人将开关置"开始"状态，宣布"开始"，抢答器工作。可定时器倒计时，扬声器给出声响提示。选手在定时时间内抢答时，抢答器完成优先判断、编号锁存、编号显示和扬声器提示工作。当一轮抢答结束之后，可定时器停止，禁止二次抢答，并显示剩余时间。如果再次抢答必须由主持人再次操作"清除"和"开始"状态开关。一般采用 74 系列常用中

规模集成电路设计数码显示八路抢答器,该抢答器除具有基本的抢答功能外,还具有定时、计时和报警功能。

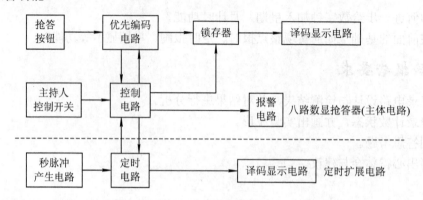

图 1.13.1　可定时八路数显抢答器的总体方框

(1) 抢答器基本功能如下:

① 设置一个系统清除和抢答控制开关 S,该抢答开关由主持人控制。

② 抢答器同时供 8 名选手或 8 个代表队比赛,分别用 8 个按钮 S0~S7 表示。

③ 抢答器具有锁存与显示功能。即选手按动抢答按钮,锁存相应的编号,扬声器发出声响提示,并在七段数码管上显示选手号码。选手抢答实行优先锁存,优先抢答选手的编号一直保持到主持人将系统清除为止。

(2) 扩展功能如下:

① 抢答器具有定时抢答功能,且一次抢答的时间由主持人设定(如 20 s)。当主持人启动"开始"键后,定时器进行减计时。

② 参赛选手在设定的时间内进行抢答,抢答有效,定时器停止工作,显示器上显示选手的编号和抢答的时间,并保持到主持人将系统清除为止。

③ 如果定时时间已到,无人抢答,则本次抢答无效,系统报警并禁止抢答,定时显示器上显示 00。

2. 单元电路设计

(1) 抢答器电路。抢答器的设计电路如图 1.13.2 所示。该电路选用优先编码器 74LS148(8线-3 线)和锁存器 74LS279 来完成(如要求有 16 路抢答,需要两个 74LS148 串接,构成 16 线-4 线的优先编码器),编码器的输出接锁存器。该电路主要完成两个功能:一是分辨出选手按键的先后,并锁存优先抢答者的编号,同时译码显示电路显示该编号(显示电路采用七段数字数码显示管);二是禁止其他选手按键,使其按键操作无效。工作过程:开关 S 置于"清除"端时,RS 触发器的 R、S 端均为 0,4 个触发器输出置 0,使 74LS148 的优先编码工作标志端 $\overline{Y}_{EX} = 0$,使之处于工作状态。当开关 S 置于"开始"时,抢答器处于等待工作状态,当有选手将抢答键按下时(如按下 S6),74LS148 的输出经 RS 锁存后,CTR = 1,RBO = 1,七段显示电路 74LS48 处于工作状态,$4Q3Q2Q = 110$,经译码显示为"6"。此时,CTR = 1,使 74LS148 优先编码工作标志端 $\overline{Y}_{EX} = 1$,处于禁止状态,封锁其他按键的输入,确保不会在二次按键时输入信号,保证了抢答者的优先性。如有再次抢答需由主持人将 S 开关重新置"清除"然后再进行下一轮抢答。74LS148 为 8 线-3 线优先编码器,表 1.13.1 为其功能表。

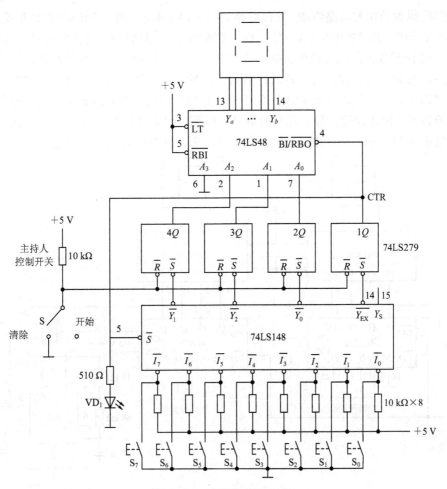

图 1.13.2 八路抢答器电路

表 1.13.1 74LS148 8 线-3 线优先编码器功能表

输 入									输 出				
$\overline{EI}$	$\overline{IN_0}$	$\overline{IN_1}$	$\overline{IN_2}$	$\overline{IN_3}$	$\overline{IN_4}$	$\overline{IN_5}$	$\overline{IN_6}$	$\overline{IN_7}$	$\overline{A_2}$	$\overline{A_1}$	$\overline{A_0}$	$\overline{Y_{EX}}$	Y_S
1	×	×	×	×	×	×	×	×	1	1	1	1	1
0	1	1	1	1	1	1	1	1	1	1	1	0	0
0	×	×	×	×	×	×	×	0	0	0	0	0	1
0	×	×	×	×	×	×	0	1	0	0	1	0	1
0	×	×	×	×	×	0	1	1	0	1	0	0	1
0	×	×	×	×	0	1	1	1	0	1	1	0	1
0	×	×	×	0	1	1	1	1	1	0	0	0	1
0	×	×	0	1	1	1	1	1	1	0	1	0	1
0	×	0	1	1	1	1	1	1	1	1	0	0	1
0	0	1	1	1	1	1	1	1	1	1	1	0	1

(2) 可定时电路。可定时电路的原理及设计过程：该部分主要由 NE555 定时器秒脉冲产生电路、十进制同步加减计数器 74LS192(预置)减法计数电路、74LS48 译码电路和 2 个

七段共阳数码管及相关电路组成。具体电路如图 1.13.3 所示。两块 74LS192 实现减法(预置)计数，通过译码电路 74LS48(共阳)显示到共阳数码管上，其时钟信号由时钟产生电路提供。74LS192 的预置数控制端实现预置数，由节目主持人根据抢答题的难易程度，设定一次抢答的时间，然后通过预置时间电路对计数器进行预置，计数器的时钟脉冲由秒脉冲电路提供。按键弹起后，计数器开始减法计数工作，并将时间显示在共阳极七段数码显示管上，当有人抢答时，停止计数并显示此时的倒计时时间；如果没有人抢答，且倒计时时间到时，则输出低电平到时序控制电路，控制报警电路报警，同时以后选手抢答无效。

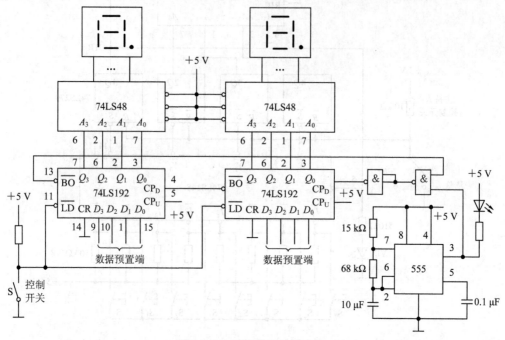

图 1.13.3　可预置定时的电路

(3) 报警电路。由 NE555 定时器和三极管构成的报警电路如图 1.13.4 所示。其中 NE555 构成多谐振荡器，振荡频率 $f_0 = 1.43/[(R_1+2R_2)C]$，其输出信号经三极管推动扬声器。PR 为控制信号，当 PR 为高电平时，多谐振荡器工作，反之，电路停振。

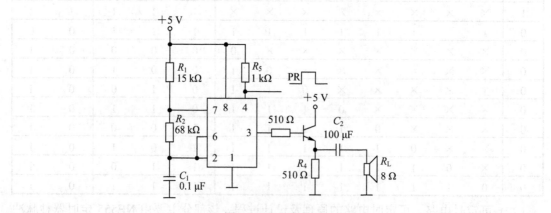

图 1.13.4　报警电路

NE555 的 3 端输出的脉冲频率为 500 Hz～1 kHz，结合前面已学的 NE555 知识及实际经验，选择合适的 R_1、R_2、C 值，使得 f_0 满足所需的秒脉冲要求。

(4) 定时时序控制电路。时序控制电路是抢答器设计的关键，它要完成以下三项功能：

① 主持人将控制开关拨到"开始"位置时，扬声器发声，抢答电路和定时电路进入正常抢答工作状态。

② 当参赛选手按动抢答键时，扬声器发声，抢答电路和定时电路停止工作。

③ 当设定的抢答时间到，无人抢答时，扬声器发声，同时抢答电路和定时电路停止工作。

根据所需功能要求以及图 1.13.1，设计的定时时序控制电路如图 1.13.5 所示。图 1.13.5 中，门 G_1 的作用是控制时钟信号 CP 的放行与禁止，门 G_2 的作用是控制 74LS148 的输入使能端。其工作原理是：主持人控制开关从"清除"位置拨到"开始"位置时，来自于图 1.13.2 中的 74LS279 的输出 $1Q=0$，经 G_3 反相，图 1.13.5 中 $A=1$，则时钟信号 CP 能够加到 74LS192 的 CP_D 时钟输入端，定时电路进行递减计时。同时，在定时时间未到时，则"定时到信号"为 1，门 G_2 的输出 EI=0，使 74LS148 处于正常工作状态，从而实现功能①的要求。当选手在定时时间内按动抢答键时，$1Q=1$，经 G_3 反相，图 1.13.5 中 $A=0$，封锁 CP 信号，定时器处于保持工作状态；同时，门 G_2 的输出 EI=1，74LS148 处于禁止工作状态，从而实现功能②的要求。当定时时间到时，则"定时到信号"为 0，$G_1=1$，74LS148 处于禁止工作状态，禁止选手进行抢答。同时，门 G_1 处于关门状态，封锁 CP 信号，使定时电路保持 00 状态不变，从而实现功能③的要求。集成单稳触发器 74LS121 用于控制报警电路及发声的时间，其工作原理请读者自行分析。

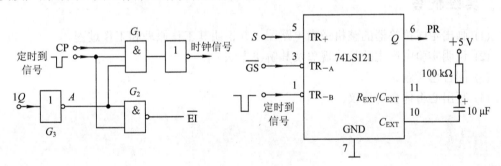

图 1.13.5　定时时序控制电路

三、实验预习要求

(1) 复习编码器、十进制加/减计数器的工作原理。

(2) 设计可预置时间的定时电路。

(3) 分析与设计时序控制电路。

(4) 画出定时抢答器的整机逻辑电路图。

四、实验仪器和器件

(1) 数字实验箱一台。

(2) 集成芯片 74LS148 一片，74LS279 一片，74LS48 三片，74LS192 两片，NE555 两片，74LS00 一片，74LS121 一片。

(3) 电阻 510 Ω 两只，1 kΩ 九只，4.7 kΩ 一只，5.1 kΩ 一只，100 kΩ 一只，10 kΩ 一只，15 kΩ 一只，68 kΩ 一只。

(4) 电容 0.1 μF 一只，10 μF 两只，100 μF 一只。

(5) 三极管 3DG12 一只。

(6) 其他：发光二极管两只，共阳数码管三只。

五、实验内容

(1) 组装调试抢答器电路。

(2) 设计可预置时间的定时电路，并进行组装和调试。要求：当输入 1 Hz 的时钟脉冲信号时，电路能进行减计时；当减计时到零时，能输出低电平有效的定时时间到信号。

(3) 组装调试报警电路。

(4) 完成定时抢答器的联调，注意各部分电路之间的时序配合关系。然后检查电路各部分的功能，使其满足设计要求。

六、思考题

(1) 在数字抢答器中，如何将序号为 0 的组号，在七段显示器上改为显示 8？

(2) 定时抢答器的扩展功能还有哪些？举例说明，并设计电路。

(3) 如何将八路数字抢答器扩展成 16 路数字抢答器？

七、实验报告

(1) 画出定时抢答器的整机逻辑电路图，并说明其工作原理和工作过程。

(2) 说明实验中产生的故障现象及其解决方法。

(3) 回答思考题。

(4) 写出心得体会与建议。

第 2 部分

基于 Quartus 的数字逻辑电路实验

实验 2.1 半加器设计

一、实验目的

本实验采用 EDA 工具来进行原理图设计，实验的目的是熟悉 Quartus II 工具软件的使用方法，特别是仿真方法。

二、实验原理

半加器的逻辑图如图 2.1.1 所示，它由一个异或门和一个与门构成，A、B 是输入端，SO 是和输出端，CO 是进位输出端(向高位进位)。在 Quartus II 工具软件的元件库中已经有与门、或门、与非门和异或门等元件，因此不需要再设计这些元件，即在做本实验时不需要编写异或门和与门的源程序，直接用原理图输入法实现。

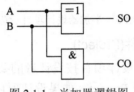

图 2.1.1 半加器逻辑图

三、实验内容

1. 输入半加器设计项目和存盘

进入 Quartus II，选择"File"菜单中的"New"项，在弹出的"File Type"窗中选择原理图编辑输入项"Block Diagram/Schematic File"，单击"OK"按钮后打开原理图编辑窗。在原理图编辑窗中的任何一个位置上双击鼠标的左键将弹出一个元件选择窗口，如图 2.1.2 所示；或单击鼠标右键，将弹出一个选择菜单，选择"Insert/Symbol"；或点击工具栏下的"Symbol Tool"按钮，也可以弹出如图 2.1.2 所示的窗口。

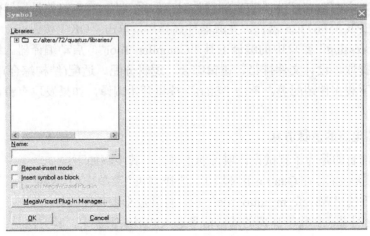

图 2.1.2 元件选择窗

在元件选择窗的"Name"栏目内直接输入"XOR"，或者在元件选择窗的"Libraries"栏目内双击"c:/altera/72/quartus/libraries/"，在出现的子目录"primitives/logic"下，将"XOR"用鼠标点击，即可得到异或门的元件符号。用上述方法得到与门及输入端和输出端的元件符号，如图 2.1.3 所示。把两个输入端的名称分别更改为"A"和"B"，把两个输出端的名称分别更改为"SO"和"CO"，然后按照图 2.1.1 所示的半加器电路连接方式，将相应的输入和输出端连接好，并用"h_adder.bdf"(注意后缀是.bdf)文件名将文件保存在自己建立的工程目录内。

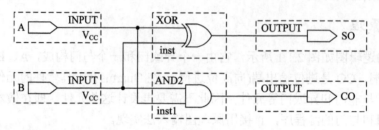

图 2.1.3 半加器设计项目示意图

2. 将设计项目设置成工程文件(Project)

为了使 QuartusⅡ能对输入的设计项目按设计者的要求进行各项处理，必须将设计文件，如半加器 h_adder.bdf，设置成 Project。如果设计项目由多个设计文件组成，则应该将它们的主文件，即顶层文件设置成 Protect。如果要对其中某一底层文件进行单独编译、仿真和测试，也必须先将其设置成 Protect。

将设计项目(如 h_adder.bdf)设置成工程文件 Project 的途径：在"Project"菜单中，选择"Set as Top-Level Entity"项，即可将当前设计文件设置成"Project"。

3. 选择目标器并编译

为了获得与目标器对应的精确时序仿真文件，必须在文件编译前选定最后实现本设计项目的目标器件，在 QuartusⅡ环境中主要选 Altera 公司的 FPGA 或 CPLD。

选择"Assignments"菜单中的器件选择项"Device"，弹出窗口的器件序列栏"Device"，在此序列栏"Device Family"中选定目标器件对应的系列名。本电路的目标器件为"Cyclone Ⅱ"系列中的 EP2C35F672C6 器件，完成器件选择后，单击"OK"按钮。

选择"Processing"菜单中的编译工具"Compiler Tool"，启动编译器。编译器的功能包括网表文件提取、设计文件排错、逻辑综合、逻辑分配、适配(结构综合)、时序仿真文件提取和编程下载文件装配等。单击"Start"按钮开始编译，如果发现有错，排除错误后需再次编译。

4. 半加器电路的逻辑仿真

逻辑仿真的目的是为了测试设计项目的正确性，其步骤如下：

(1) 建立波形文件。在 QuartusⅡ环境下，选择"File"菜单中的"New"项，再选择"Other Files"选项卡下的"Waveform Editor file"项，打开波形编辑窗口。

(2) 输入信号节点。将半加器的端口信号选入波形编辑器中，其方法是：选"Edit"菜单中的"Insert Node or Bus…"项，出现如图 2.1.4 所示窗口，在此窗口中单击"Node Finder…"

按钮，在弹出的如图 2.1.5 所示窗口中的"Filter"框中选"Pins:all"，然后单击"List"按钮，这时左边窗口将列出该项设计的全部信号节点。由于设计者有时只需要观察其中部分信号的波形，因此要利用中间的"≥"按钮将需要观察的信号选到右栏中，然后单击"OK"按钮即可。

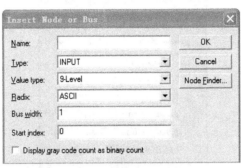

图 2.1.4　插入节点

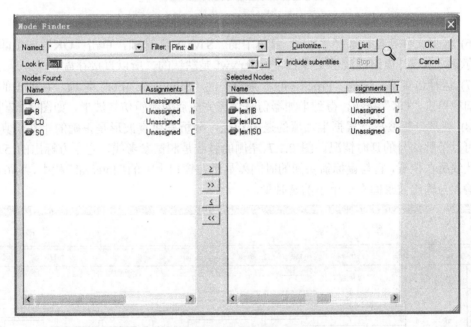

图 2.1.5　选择节点

(3) 设置波形参量。在波形编辑窗中调入了半加器的所有节点信号后，还需要为半加器输入信号 A 和 B 设定必要的测试电平等相关的仿真参数。在设定仿真参数之前，需要在菜单"Tools"中选择"Options"选项，再选择"Waveform Editor"项设置波形仿真器参数。在对话框中消去网格对齐"Snap to Grid"的选择(消去"√")，以便能够任意设置输入电平位置，或者设置输入时钟信号的周期。

(4) 设定仿真时间宽度。选择"Edit"菜单中的"End Time"选项，在"End Time"选择窗中选择适当的仿真时间域，如可选 5 μs，以便有足够长的观察时间。默认的仿真时间域是 1 μs。

(5) 加上输入信号。为了方便仿真后能测试 SO 和 CO 输出信号，将信号 A 和 B 设定成时钟信号。点击信号 A，使 A 变成蓝色，再点击左侧的时钟设置键(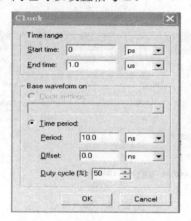)，在 "Clock" 窗口中设置时钟的周期为 1 μs。图 2.1.6 中的 "Duty cycle(%)" 栏用来设置占空比，可以选择 50，即占空比为 50% 的方波。同理可以设置信号 B。

图 2.1.6　设置时钟波形

(6) 波形文件存盘。选择 "File" 菜单中的 "Save as" 选项，单击 "OK" 按钮即可将文件存盘。本设计电路的波形文件名 h_adder.vwf 是默认的，所以直接存盘。

(7) 运行仿真器。选择 "Processing" 菜单中的 "Simulator Tool" 选项，在弹出的仿真器窗口中单击 "OK" 按钮，得到半加器仿真运算完成后的逻辑仿真波形，如图 2.1.7 所示。

(8) 观察分析波形。根据半加器的逻辑功能，分析其仿真波形是正确的。从仿真波形中还可以了解信号的延时情况。图 2.1.7 左侧的竖线是测试参考线，它上方标出的 5.85 ns 表示此线所在位置，它与鼠标箭头间的时间差显示在窗口上方的 "Interval" 栏中，为 6.8 ns。可见输入与输出波形间有一个小的延时量。

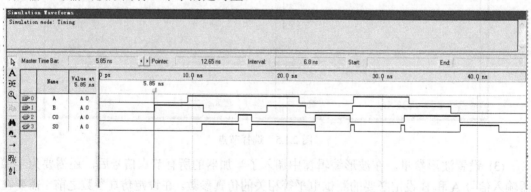

图 2.1.7　半加器仿真结果示意图

(9) 包装元件入库。选择 "File" 菜单中的 "Open" 选项，在 "Open" 窗中先单击器件设计文件项 "Device Design Files"，选择 h_adder.bdf 文件，重新打开半加器设计文件，然后选择 "File" 菜单中 "Create/Update" 选项下的子菜单 "Create Symbol Files for current File" 项，此时当前文件变成了一个包装好的单一元件，被放置在工程路径指定的目录中以备后用。

5. 半加器的引脚锁定

如果仿真测试正确无误，就将设计编程下载到选定的目标器件中，如 EP2C35F672C6，做进一步的硬件测试，以便了解设计项目的正确性。这就必须根据评估板、开发电路系统或者 EDA 实验板的要求对设计项目的输入、输出引脚赋予确定的引脚，以便能够对其进行实测。这里假设根据实际需要，要将半加器的 4 个引脚 A、B、CO 和 SO 分别与目标器件 EP2C35F672C6 的第 N25、N26、AE23 和 AF23 脚相接，具体操作如下：

(1) 选择"Assignments"菜单中的引脚定位选项"Pins"，在弹出的窗口中显示本工程中所有的输入、输出引脚，见图 2.1.8。

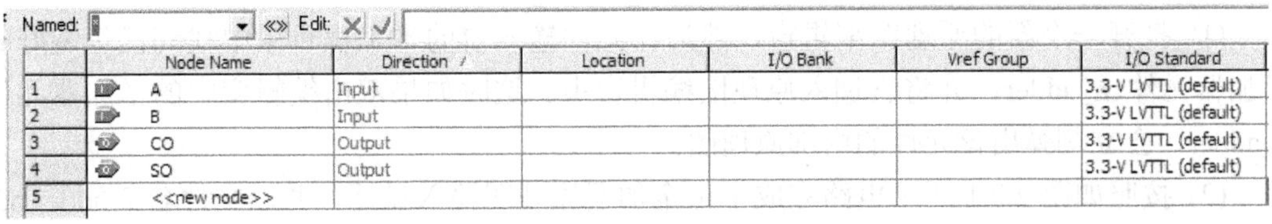

Named:				«» Edit: ✕ ✓			
		Node Name	Direction /	Location	I/O Bank	Vref Group	I/O Standard
1	⏩	A	Input				3.3-V LVTTL (default)
2	⏩	B	Input				3.3-V LVTTL (default)
3	⏪	CO	Output				3.3-V LVTTL (default)
4	⏪	SO	Output				3.3-V LVTTL (default)
5		<<new node>>					

图 2.1.8　工程中的输入、输出引脚

(2) 在"Location"栏对应的列中双击鼠标左键，选择要使用的引脚即可。输入 A 选择"PIN_N25"，PIN_N25 引脚是 EP2C35F672C6 目标芯片的 N25 引脚，该引脚是与 DE2 实验板的拨动开关 SW0 连接的，用开关 SW0 表示半加器的输入 A。输入 B 选择"PIN_N26"，PIN_N26 引脚是 EP2C35F672C6 目标芯片的 N26 引脚，该引脚是与 DE2 实验板的拨动开关 SW1 连接的，用开关 SW1 表示半加器的输入 B。输出 CO 选择"PIN_AE23"，PIN_AE23 引脚是 EP2C35F672C6 目标芯片的 AE23 引脚，该引脚是与 DE2 实验板的发光二极管 LEDR0 连接的，用发光二极管 LEDR0 表示半加器的进位输出 CO。输出 SO 选择"PIN_AF23"，PIN_AF23 引脚是 EP2C35F672C6 目标芯片的 AF23 引脚，该引脚是与 DE2 实验板的发光二极管 LEDR1 连接的，用发光二极管 LEDR1 表示半加器的和输出 SO。

(3) 需要特别注意的是，在锁定引脚后必须再通过"Processing"菜单中的"Compiler Tool"选项，对文件重新编译，以便将引脚信息编入下载文件中。

6. 半加器电路编程下载

首先用下载线将计算机的 USB 口与目标板(如 DE2 实验板)连接好，打开电源，拨动实验板上的"模式选择"开关，选择模式"RUN"。在"Tools"菜单中选择编程器"Programmer"选项，在弹出的对话框中将"Program/Configure"下的小方框选中(打√)，单击"Start"按钮，向 EP2C35F672C6 下载配置文件。按动 DE2 实验板上的拨动开关"SW0"和"SW1"，得到 A、B 不同的输入组合；观察输出发光二极管"LEDR0"和"LEDR1"的亮灭，检查半加器的结果是否正确。到此为止，完整的半加器设计流程结束。

实验 2.2　1 位全加器设计

一、实验目的

本实验目的是让读者掌握组合逻辑电路的 EDA 原理图输入设计法和文本输入设计法，并通过电路仿真，进一步了解 1 位全加器的功能。

二、实验内容

1. 1 位全加器的 EDA 原理图输入设计

1 位全加器可以用两个半加器及一个或门连接而成，如图 2.2.1 所示，ain 和 bin 是两位二进制输入，cin 是从低位来的进位输入，SO 是和输出，CO 是向高位输出。其原理图输入设计步骤如下：

(1) 打开一个新的原理图编辑窗，然后在元件输入窗的本工程目录中找到已包装好的半加器元件 h_adder，并将它调入原理图编辑窗中。这时如果双击编辑窗中的半加器元件 h_adder，会立刻弹出该元件的内部原理图。

(2) 按照如图 2.2.1 所示电路完成 1 位全加器原理图输入设计，并以文件名 f_adder.bdf 存入工程目录中。

(3) 将当前文件设置成 Project，目标芯片为 EP2C35F672C6。

(4) 编译顶层文件 f_adder.bdf，然后建立波形仿真文件。

(5) 完成 f_adder.bdf 波形仿真文件中输入信号 cin、bin 和 ain 的输入电平设置，启动仿真器 Simulator，观察输出波形的情况。

(6) 锁定引脚、编译并编程下载。输入信号 cin、bin 和 ain 分别锁定在 EP2C35F672C6 的 PIN_N25、PIN_N26 和 PIN_P25 引脚；将输出信号 SO 和 CO 分别锁定 EP2C35F672C6 PIN_AE23 和 PIN_AF23 引脚。

(7) 硬件实测此全加器的逻辑功能。按动 DE2 实验板上的高低电平输入键 SW0、SW1 和 SW2，得到 cin、bin 和 ain 不同的输入组合；观察输出发光二极管 LEDR0 和 LEDR1 的亮灭，检查全加器的结果是否正确。

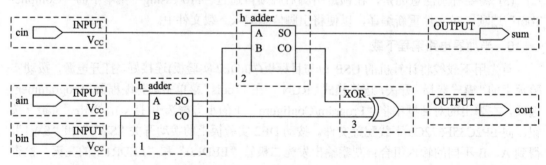

图 2.2.1　1 位全加器逻辑图

2. 1 位全加器 VHDL 文本输入设计

1 位全加器 VHDL 文本输入设计实验设计步骤如下：

(1) 参照 Quartus II 工具软件使用方法，分别将或门、半加器和 1 位全加器的源程序输入计算机中，并且分别以 or2a.vhd、adder.vhd 和 f_adder_1.vhd 为文件名将源程序存盘。或门、半加器和 1 位全加器的 VHDL 源程序如下：

--或门逻辑描述

LIBRARY IEEE;

```
USE IEEE.STD_LOGIC_1164.ALL;
ENTITY or2a IS
    PORT(a, b: IN STD_LOGIC;
            c: OUT STD_LOGIC);
END ENTITY or2a;
ARCHITECTURE one OF or2a IS
    BEGIN
    c <= a OR b;
END ARCHITECTURE one;
--半加器描述
LIBRARY IEEE;
USE IEEE.STD_LOGIC_1164.ALL;
  ENTITY adder IS
    PORT(a, b: IN STD_LOGIC;
            co, so: OUT STD_LOGIC);
        END ENTITY adder;
    ARCHITECTURE fh1 OF adder IS
    BEGIN
        so <= NOT(a XOR(NOT b));
        co <= a AND b;
END ARCHITECTURE fh1;
--1 位二进制全加器顶层设计描述
LIBRARY IEEE;
USE IEEE.STD_LOGIC_1164.ALL;
ENTITY f_adder_1 IS
    PORT(ain, bin, cin: IN STD_LOGIC;
            cout, sum: OUT STD_LOGIC);
END ENTITY f_adder_1;
    ARCHITECTURE fh1 OF f_adder_1 IS
    COMPONENT h_adder
        PORT(a, b: IN STD_LOGIC;
            co, so: OUT STD_LOGIC);
END COMPONENT;
COMPONENT or2a
        PORT(a, b: IN STD_LOGIC;
            co, so: OUT STD_LOGIC);
END COMPONENT;
SIGNAL d, e, f: STD_LOGIC;
BEGIN
```

```
        u1 : h_adder PORT MAP(a=>ain, b=>bin,
                co=>d, so=>e);
        u2 : h_adder PORT MAP(a => e, b => cin,
                co=>f, so=>sum);
        u3 : or2a PORT MAP(a=>d, b=>f, co=>cout);
END ARCHITECTURE fh1;
```

(2) 打开一个新的原理编辑窗，然后在元件选择窗的本工程目录中找到已包装好的全加器元件 f_adder_1，并将它调入原理图编辑窗中，加入相应的输入、输出端信号。

(3) 完成全加器顶层文件设计，并以文件名 f_adder_1.bdf 存入工程目录中。

(4) 将当前文件设置成 Project，并选择目标芯片为 EP2C35F672C6。

(5) 编译顶层文件 f_adder_1.bdf，然后建立波形仿真器。

(6) 完成 f_adder_1.bdf 波形仿真文件中输入信号 cin、bin 和 ain 的输入电平设置，启动仿真器 Simulator，观察输出波形的情况。

(7) 锁定引脚、编译并编程下载。输入信号 cin、bin 和 ain 分别锁定在 EP2C35F672C6 目标芯片的 PIN_N25、PIN_N26 和 PIN_P25 引脚；将输出信号 SO 和 CO 分别锁定在目标芯片的 PIN_AE23 和 PIN_AF23 引脚。

(8) 硬件实测此全加器的逻辑功能。按动 DE2 实验板上的高低电平输入键 SW0、SW1 和 SW2，得到 cin、bin 和 ain 不同的输入组合；观察输出发光二极管 LEDR0 和 LEDR1 的亮灭，检查全加器的结果是否正确。

三、思考题

用已设计好的全加器(f_adder.bdf 或 f_adder_1.bdf)，实现 4 位并行加法器的设计，并仿真设计结果。

实验 2.3 4 选 1 数据选择器设计

一、实验目的

本实验目的是让读者掌握组合逻辑电路的 EDA 原理图输入设计法和文本输入设计法，并通过电路仿真，进一步了解 4 选 1 数据选择器的功能。

二、实验内容

1. 4 选 1 数据选择器的 EDA 原理图输入设计

4 选 1 数据选择器的原理图如图 2.3.1 所示，其中 d3、d2、d1 和 d0 是数据输入端，s1 和 s0 是控制输入端，y 是 4 选 1 数据输出端。

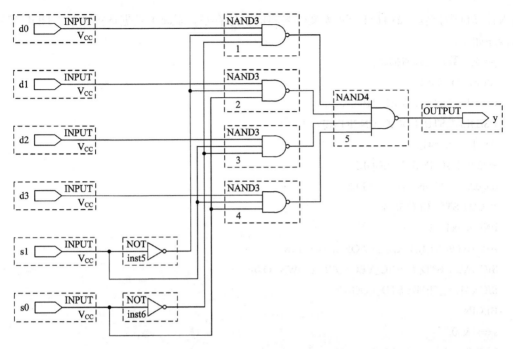

图 2.3.1 4 选 1 数据选择器原理图

4 选 1 数据选择器的 EDA 原理图输入设计步骤如下：

(1) 打开一个新的原理图编辑窗，然后在原理图编辑窗中的任意一个位置上双击鼠标左键，在弹出的元件选择窗的"Libraries"栏中用鼠标双击"c:/altera/72/quartus/libraries/"，出现子目录"primitives/logic"。在子目录"primitives/logic"下，选择 4 选 1 数据选择器电路设计所需的元件，包括四个 3 输入端与非门(NAND3)、一个 4 输入端与非门(NAND4)和两个非门(NOT)。

(2) 按照如图 2.3.1 所示完成 4 选 1 数据选择器原理图输入设计，并以文件名 mux41.bdf存入工程目录中。

(3) 将当前文件设置成 Project，并选择目标芯片为 EP2C35F672C6。

(4) 编译顶层文件 mux41.bdf，然后建立波形仿真文件。

(5) 完成 mux41.bdf 波形仿真文件中输入信号 d3、d2、d1、d0 和 s1、s0 的输入电平设置，启动仿真器 Simulator，观察输出波形的情况。

(6) 锁定引脚、编译并编程下载。将输入信号 d3、d2、d1、d0 分别锁定在 EP2C35F672C6目标芯片的 PIN_N25、PIN_N26、PIN_P25 和 PIN_AE14 引脚，s1 和 s0 分别锁定在目标芯片的 PIN_AF14 和 PIN_AD13 引脚；将输出信号 y 锁定在目标芯片的 PIN_AE23 引脚。

(7) 硬件实测 4 选 1 数据选择器的逻辑功能。按动 DE2 实验板上的高低电平输入键 SW0、SW1、SW2、SW3、SW4 和 SW5，得到 d3、d2、d1、d0 和 s1、s0 不同的输入组合；观察输出发光二极管 LEDR0 的亮灭，检查 4 选 1 数据选择器的设计结果是否正确。

2. 4 选 1 数据选择器 VHDL 文件输入设计

4 选 1 数据选择器 VHDL 文本输入设计实验设计步骤如下：

(1) 根据 4 选 1 数据选择器的工作原理，编写 4 选 1 数据选择器的 VHDL 源程序，并输入计算机中，以 mux41_1.vhd 为文件名将源程序存盘。4 选 1 数据选择器的 VHDL 参考源程序如下：

```
--4 选 1 数据选择器描述
LIBRARY IEEE;
USE IEEE.STD_LOGIC_1164.ALL;
USE IEEE.STD_LOGIC_UNSIGNED.ALL;
ENTITY mux41_1 IS
PORT(s1, s0: IN STD_LOGIC;
d3, d2, d1, d0: IN STD_LOGIC;
Y: OUT STD_ULOGIC);
END mux41_1;
ARCHITECTURE example7 OF mux41_1 IS
SIGNAL s: STD_LOGIC_VECTOR(1 DOWNTO 0);
SIGNAL Y_TEMP: STD_LOGIC;
BEGIN
s<=s1&s0;
PROCESS(s1, s0, d3, d2, d1, d0)
BEGIN
CASE s IS
WHEN"00"=>Y_TEMP<=d0;
WHEN"01"=>Y_TEMP<=d1;
WHEN"10"=>Y_TEMP<=d2;
WHEN"11"=>Y_TEMP<=d3;
WHEN OTHERS=>Y_TEMP<='X';
END CASE;
END PROCESS;
Y<=Y_TEMP;
END example7;
```

(2) 打开一个新的原理图编辑窗，然后在元件选择窗的本工程目录中找到已包装好的 4 选 1 数据选择器元件 mux41_1(见图 2.3.2)，并将它调入原理图编辑窗中，加入相应的输入、输出端信号。

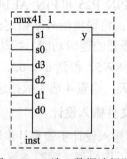

图 2.3.2　4 选 1 数据选择器

(3) 完成 4 选 1 数据选择器顶层文件设计，并以文件名 mux41_1.bdf 存入工程目录中。

(4) 将当前文件设置成 Project，并选择目标芯片为 EP2C35F672C6。

(5) 编译顶层文件 mux41_1.bdf，然后建立波形仿真文件。

(6) 完成 mux41_1.bdf 波形仿真文件中输入信号 d3、d2、d1、d0 和 s1、s0 的输入电平设置，启动仿真器件 Simulator，观察输出波形的情况。

(7) 锁定引脚、编译并编程下载。将输入信号 d3、d2、d1、d0 分别锁定在 EP2C35F672C6 目标芯片的 PIN_N25、PIN_N26、PIN_P25 和 PIN_AE14 引脚，s1 和 s0 分别锁定在目标芯片的 PIN_AF14 和 PIN_AD13 引脚；将输出信号 y 锁定在目标芯片的 PIN_AE23 引脚。

(8) 硬件实测 4 选 1 数据选择器的逻辑功能。按动 DE2 实验板上的高低电平输入键 SW0～SW5，得到 d3、d2、d1、d0 和 s1、s0 不同的输入组合；观察输出发光二极管 LEDR0 的亮灭，检查 4 选 1 数据选择器的设计结果是否正确。

三、思考题

用已设计好的数据选择器(mux41.bdf 或 mux41_1.bdf)，实现 8 选 1 数据选择器的设计，并仿真设计结果。

实验 2.4　译码器设计

一、实验目的

本实验目的是让读者掌握组合逻辑电路的 EDA 原理图输入设计法和文本输入设计法，并通过电路仿真，进一步了解 3 线-8 线译码器的功能。

二、实验内容

1. 3 线-8 线译码器的 EDA 原理图输入设计

3 线-8 线译码器的原理图如图 2.4.1 所示，其中 A2、A1 和 A0 是输入端，G1、G2N 和 G3N 是控制输入端，Y0N～Y7N 是 8 个输出端。

3 线-8 线译码器的 EDA 原理图输入设计步骤如下：

(1) 打开一个新的原理图编辑窗，在编辑窗中的任意一个位置上双击鼠标左键，在弹出的元件选择窗的"Libraries"栏中用鼠标双击"c:/altera/72/quartus/libraries/"，出现子目录"primitives/logic"。在子目录"primitives/logic"下，选择 3 线-8 线译码器电路设计所需要的元件，包括八个 4 输入端与非门(NAND4)、一个 3 输入端与非门(NAND3)和八个非门(NOT)。

(2) 按照图 2.4.1 所示完成 3 线-8 线译码器原理图输入设计，并以文件名 Decoder3_8.bdf 存入工程目录中。

(3) 将当前文件设置成 Project，并选择目标芯片为 EP2C35F672C6。

(4) 编译顶层文件 Decoder3_8.bdf，然后建立波形仿真文件。

(5) 完成 Decoder3_8.bdf 波形仿真文件输入信号 A2、A1、A0 和 G1、G2N、G3N 的输入电平设置，启动仿真器 Simulator，观察输出波形的情况。

(6) 锁定引脚、编译并编程下载。将输入信号 A2、A1、A0 分别锁定在目标芯片 EP2C35F672C6 的 PIN_N25、PIN_N26 和 PIN_P25 引脚，G1、G2N 和 G3N 分别锁定在目标芯片的 PIN_AE13、PIN_AF14 和 PIN_AD13 引脚；将输出信号 Y0N~Y7N 锁定在目标芯片的 PIN_AE23、PIN_AF23、PIN_AB21、PIN_AC22、PIN_AD22、PIN_AD23、PIN_AD21 和 PIN_AC21 引脚。

(7) 硬件实测 3 线-8 线译码器的逻辑功能。按动 DE2 实验板上的高低电平输入键 SW0~SW6，得到 A2、A1、A0 和 G1、G2N、G3N 不同的输入组合；观察输出发光二极管 LEDR0~LEDR7 的亮灭，检查 3 线-8 线译码器的设计结果是否正确。

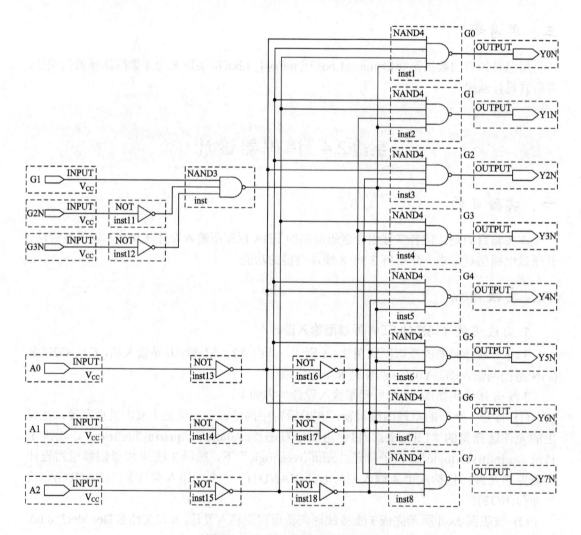

图 2.4.1　3 线-8 线译码器原理图

2. 3 线–8 线译码器的 VHDL 文件输入设计

3 线–8 线译码器 VHDL 文本输入设计实验设计步骤如下：

(1) 根据 3 线–8 线译码器的工作原理，编写 3 线–8 线译码器的 VHDL 源程序，并输入计算机中，以 Decoder38V2.vhd 为文件名将源程序存盘。3 线–8 线译码器的 VHDL 参考源程序如下：

```
--3 线–8 线译码器描述
LIBRARY IEEE;
USE IEEE.STD_LOGIC_1164.ALL;


ENTITY Decoder38V2 IS
PORT(G1, G2A, G2B: IN STD_LOGIC;
                A: IN STD_LOGIC_VECTOR(2 DOWNTO 0);
                Y: OUT STD_LOGIC_VECTOR(7 DOWNTO 0));
END Decoder38V2;


ARCHITECTURE behave OF Decoder38V2 IS
BEGIN
  PROCESS(G1, G2A, G2B, A)
  BEGIN
    IF(G1='1' AND G2A='0' AND G2B='0') THEN
    CASE A IS
      WHEN "000"=> Y<= "11111110";
      WHEN "001"=> Y<= "11111101";
      WHEN "010"=> Y<= "11111011";
      WHEN "011"=> Y<= "11110111";
      WHEN "100"=> Y<= "11101111";
      WHEN "101"=> Y<= "11011111";
      WHEN "110"=> Y<= "10111111";
      WHEN "111"=> Y<= "11111111";
      WHEN OTHERS=>Y<= "XXXXXXXX";
    END CASE;
  ELSE
  Y<="11111111";
  END IF;
  END PROCESS;
  END behave;
```

(2) 打开一个新的原理图编辑窗，然后在元件选择窗的本工程目录中找到已包装好的 3 线–8 线译码器 Decoder38V2(见图 2.4.2)，将它调入原理图编辑窗中，加入相应的输入、输出端信号。

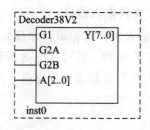

图 2.4.2 3 线-8 线译码器

(3) 完成 3 线-8 线译码器顶层文件设计，并以文件名 MyDecoder38.bdf 存入工程目录中。

(4) 将当前文件设置成 Project，并选择目标芯片为 EP2C35F672C6。

(5) 编译顶层文件 MyDecoder38.bdf，然后建立波形仿真文件。

(6) 完成 MyDecoder38.bdf 波形仿真文件输入信号 d3、d2、d1、d0 和 s1、s0 的输入电平设置，启动仿真器件 Simulator，观察输出波形的情况。

(7) 锁定引脚、编译并编程下载。将输入信号 A2、A1、A0 分别锁定在 EP2C35F672C6 目标芯片的 PIN_N25、PIN_N26 和 PIN_P25 引脚，G1、G2N 和 G3N 分别锁定在目标芯片的 PIN_AE13、PIN_AF14 和 PIN_AD13 引脚；将输出信号 Y0N~Y7N 锁定在目标芯片的 PIN_AE23、PIN_AF23、PIN_AB21、PIN_AC22、PIN_AD22、PIN_AD23、PIN_AD21 和 PIN_AC21 引脚。

(8) 硬件实测 3 线-8 线译码器的逻辑功能。按动 DE2 实验板上的高低电平输入键 SW0~SW6，得到 A2、A1、A0 和 G1、G2N、G3N 不同的输入组合；观察输出发光二极管 LEDR0~LEDR7 的亮灭，检查 3 线-8 线译码器的设计结果是否正确。

三、思考题

用已设计好的 3 线-8 线译码器(Decoder3_8.bdf 或 MyDecoder38.bdf)，实现 4 线-16 线译码器的设计，并仿真设计结果。

实验 2.5 触发器设计

一、实验目的

本实验目的是让读者掌握时序逻辑电路中的基本部件——触发器电路的 EDA 原理图输入设计法和文本输入设计法，并通过电路仿真，进一步了解触发器的功能和特性。

二、实验内容

1. 基本 RS 触发器的 EDA 原理图输入设计

基本 RS 触发器的原理图如图 2.5.1 所示，其中 RD 是异步置 0 输入端，SD 是异步置 1 输入端(低电平为有效输入电平)，Q 是触发器的输出端，NQ 是反相输出端。

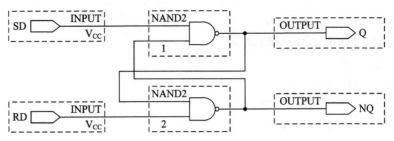

图 2.5.1　基本 RS 触发器原理图

基本 RS 触发器的 EDA 原理图输入设计步骤如下：

(1) 打开一个新的原理图编辑窗，在原理图编辑窗中，选择基本 RS 触发器电路设计所需要的元件，其中包括两个 2 输入端与非门(NAND2)。

(2) 按照图 2.5.1 所示完成基本 RS 触发器原理图输入设计，并以文件名 RS_FF.bdf 存入工程目录中。

(3) 将当前文件设置成 Project，并选择目标芯片为 EP2C35F672C6。

(4) 编译顶层文件 RS_FF.bdf，然后建立波形仿真文件。

(5) 完成 RS_FF.bdf 波形仿真文件输入信号 RD 和 SD 的输入电平设置，启动仿真器 Simulator，观察输出波形的情况。

(6) 锁定引脚、编译并编程下载。将输入信号 RD 和 SD 分别锁定在 EP2C35F672C6 目标芯片的 PIN_N25 和 PIN_N26 引脚，将输出信号 Q 和 NQ 锁定在目标芯片的 PIN_AF14 和 PIN_AD13 引脚。

(7) 硬件实测基本 RS 触发器的逻辑功能。按动 DE2 实验板上的高低电平输入键 SW0 和 SW1，得到 RD 和 SD 不同的输入组合；观察输出发光二极管 LEDR0 和 LEDR1 的亮灭，检查基本 RS 触发器的设计结果是否正确。

2. 下降沿触发的 JK 触发器 VHDL 文本输入设计

JK 触发器 VHDL 文本输入设计实验设计步骤如下：

(1) 根据 JK 触发器的工作原理，编写 JK 触发器的 VHDL 源程序，输入计算机中，并以 j_kff.vhd 为文件名将源程序存盘。JK 触发器的结构如图 2.5.2 所示，其中 RD 是异步置 0 输入端，SD 是异步置 1 输入端(低电平为有效输入电平)，CLK 是时钟输入端(下降沿有效)，Q 是触发器的输出端，NQ 是反相输出端。

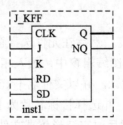

图 2.5.2　JK 触发器结构图

JK 触发器的 VHDL 参考源程序如下：

--触发器描述

LIBRARY IEEE;

```
USE IEEE.STD_LOGIC_1164.ALL;
USE IEEE.STD_LOGIC_UNSIGNED.ALL;
ENTITY    J_KFF IS
PORT(CLK: IN STD_LOGIC;
        J, K, RD, SD: IN STD_LOGIC;
        Q, NQ: OUT STD_LOGIC);
END J_KFF;
ARCHITECTURE struc OF J_KFF IS
    SIGNAL Q_TEMP: STD_LOGIC: ='0';
    SIGNAL JK: STD_LOGIC_VECTOR(1 DOWNTO 0);
BEGIN
    JK<=J&K;
    PROCESS(RD, SD, CLK, J, K)
    BEGIN
      IF RD='0'THEN Q_TEMP<='0';
      ELSIF SD='0'THEN Q_TEMP<='1';
        ELSE IF CLK'EVENT AND CLK='0'THEN
        CASE JK IS
            WHEN"00"=>Q_TEMP<=Q_TEMP;
            WHEN"01"=>Q_TEMP<='0';
            WHEN"10"=>Q_TEMP<='1';
            WHEN"11"=>Q_TEMP<=NOT Q_TEMP;
            WHEN OTHERS=>Q_TEMP<='X';
        END CASE;
        END IF;
      END IF;
      Q<=Q_TEMP;
      NQ<=NOT Q_TEMP;
END PROCESS;
END struc;
```

(2) 打开一个新的原理图编辑窗，然后在元件选择窗的工程目录中找到已包装好的 JK 触发器元件 j_kff，并将它调入原理图编辑窗中，加入相应的输入、输出端信号。

(3) 完成 JK 触发器顶层文件设计，并以文件名 j_kff.bdf 存入工作目录中。

(4) 将当前文件设置成 Project，并选择目标芯片为 EP2C35F672C6。

(5) 编译顶层文件 j_kff.bdf，然后建立波形仿真文件。

(6) 对 j_kff.bdf 的波形仿真文件输入信号 CLK、J、K、RD 和 SD 的输入电平设置，启动仿真器 Simulator，观察输出波形的情况。

(7) 锁定引脚、编译并编程下载。将输入信号 J、K、RD 和 SD 分别锁定在 EP2C35F672C6 目标芯片的 PIN_N25、PIN_N26、PIN_P25 和 PIN_AE14 引脚，将 CLK 锁定在目标芯片的

PIN_G26 引脚，将输出信号 Q 和 NQ 锁定在目标芯片的 PIN_AE23 和 PIN_AF23 引脚。

(8) 硬件实测此 JK 触发器的逻辑功能。按下 KEY0 键，按动 DE2 实验板上的高低电平输入键 SW0、SW1、SW2 和 SW3，得到 J、K、RD 和 SD 不同的输入组合；观察输出发光二极管 LEDR0 和 LEDR1 的亮灭，检查 JK 触发器的设计结果是否正确。

三、思考题

参考 JK 触发器的设计过程，采用 VHDL 文本输入设计法，设计上升沿触发的 D 触发器，并仿真设计结果。

实验 2.6　计 数 器 设 计

一、实验目的

本实验目的是让读者掌握时序逻辑电路的 EDA 原理图输入设计法和文本输入设计法，并通过电路仿真，进一步了解计数器的功能和特性。

二、实验内容

1. 4 位二进制加法计数器的 EDA 原理图输入设计

4 位二进制加法计数器的电路原理图如图 2.6.1 所示，其中 CLK 是时钟输入端，CLRN 是异步复位输入端，PRN 是异步置位输入端，Q[3..0]是二进制加法计数器的输出端。其原理图输入设计步骤如下：

(1) 打开一个新的原理图编辑窗，在原理图编辑窗中选择输入 T 触发器(TFF)元件四个，2 输入端与门(AND2)、3 输入端与门(AND3)和 4 输入端与门(AND4)元件各一个，按照 4 位二进制加法计数器的电路原理图连接好线路。

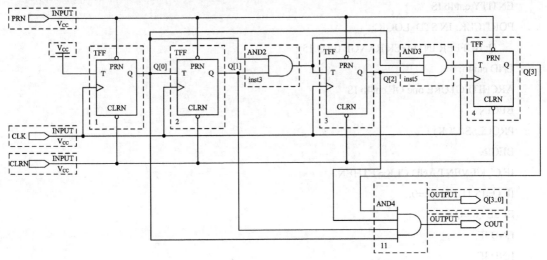

图 2.6.1　4 位二进制加法计数器电路原理图

(2) 按照图 2.6.1 所示结构图，加入输入和输出信号。完成 4 位二进制加法计数器的原理图输入设计后，以文件名 cnt4b_1.bdf 存入工作目录中。

(3) 将当前文件设置成 Project，并选择目标芯片为 EP2C35F672C6。

(4) 编译顶层文件 cnt4b_1.bdf，然后建立波形仿真文件。

(5) 完成 cnt4b_1.bdf 波形仿真文件输入信号的输入电平设置，启动仿真器 Simulator，观察输出波形的情况。

(6) 锁定引脚，编译并编程下载。

将时钟输入端 CLK 锁定在 EP2C35F672C6 目标芯片的 PIN_G26 引脚，与 DE2 实验板的 KEY0 连接，用该键输入计数脉冲；将复位输入端 CLRN 锁定在目标芯片的 PIN_N25 引脚，与 DE2 实验板的 SW0 连接，用该键输入复位信号。

将输出信号 Q[3..0]分别锁定在目标芯片的 PIN_AF23、PIN_AB21、PIN_AC22 和 PIN_AD22 引脚，并分别与 DE2 实验板的发光二极管 LEDR1、LEDR2、LEDR3 和 LEDR4 连接，产生 4 位二进制加法计数器结果；进位输出 COUT 锁定在目标芯片 PIN_AE23 的引脚，与 DE2 实验板的发光二极管 LEDR0 连接，作为进位显示。

(7) 硬件实测 4 位二进制加法计数器的逻辑功能。按动 SW0 使复位信号 CLRN 无效；按动 KEY0，观察发光二极管输出，检查 4 位二进制加法计数器的设计结果是否正确。

2．4 位二进制加法计数器的 VHDL 文本输入设计

4 位二进制加法计数器 VHDL 文本输入设计实验设计步骤如下：

(1) 根据 4 位二进制加法计数器的工作原理，编写 4 位二进制加法计数器的 VHDL 源程序，输入计算机中，并以 cnt4b.vhd 为文件名将源程序存盘。4 位二进制加法计数器的参考 VHDL 源程序如下：

```
--4 位二进制加法计数器描述
LIBRARY IEEE;
USE IEEE.STD_LOGIC_1164.ALL;
USE IEEE.STD_LOGIC_UNSIGNED.ALL;
ENTITY cnt4b IS
PORT(CLK: IN STD_LOGIC;
    Q: BUFFER INTEGER RANGE 0 TO 15);
END cnt4b;
ARCHITECTURE one OF cnt4b IS
BEGIN
PROCESS(CLK)
BEGIN
IF CLK'EVENT AND CLK='1'THEN
IF Q=15 THEN Q<=0;
ELSE Q<=Q+1;
END IF;
END IF;
```

END PROCESS;

END one;

(2) 打开一个新的原理图编辑窗，然后在元件选择窗的本工程目录中找到已包装好的 4 位二进制加法计数器元件 cnt4b(见图 2.6.2)，并将它调入原理图编辑窗中，加入相应的输入、输出端信号。

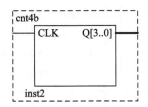

图 2.6.2　4 位二进制加法计数器

(3) 完成 4 位二进制加法计数器顶层文件设计，并以文件名 cnt4b.bdf 存入工程目录中。

(4) 将当前文件设置成 Project，并选择目标芯片为 EP2C35F672C6。

(5) 编译顶层文件 cnt4b.bdf，然后建立波形仿真文件。

(6) 完成 cnt4b.bdf 波形仿真文件输入信号的输入电平设置，启动仿真器件 Simulator，观察输出波形的情况。

(7) 锁定引脚、编译并编程下载。参考原理图输入设计法，将输入信号和输出信号锁定在 EP2C35F672C6 目标芯片的引脚。

(8) 硬件实测 4 位二进制加法计数器的逻辑功能，检查设计结果是否正确。

三、思考题

使用原理图输入设计法和文本输入设计法设计 1 位十进制加法计数器，并进行逻辑仿真，检查设计的正确性。

实验 2.7　有时钟使能的 2 位十进制计数器设计

一、实验目的

本实验目的是让读者掌握复杂时序逻辑电路的 EDA 原理图输入设计方法和文本输入设计法，并通过电路仿真，进一步了解有时钟使能的 2 位十进制计数器的功能和特性。

二、实验原理

有时钟使能的 2 位十进制计数器是频率计的核心元件之一，是含有时钟使能及进位扩展输出的十进制计数器。这里拟用一个双十进制计数 74390 和其他一些辅助元件来完成。电路原理图如图 2.7.1 所示。

图 2.7.1 中的 74390 连接成两个独立的十进制计数器，待测频率信号 clk 通过一个与门进入 74390 计数器 1 的时钟输入端 1CLKA，与门的另一端由计数使能信号 enb 控制，当 enb

= '1' 时允许计数；enb = '0' 时禁止计数。计数器 1 的 4 位输出 q[3]、q[2]、q[1] 和 q[0] 并成总线表达方式即 q[3..0]，由 OUTPUT 输出端口向外输出，同时由一个 4 输入与门和两个反相器构成进位信号进入第 2 个计数器的时钟输入端 2CLKA。

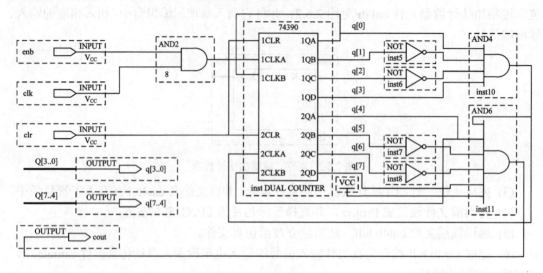

图 2.7.1　用 74390 设计一个有时钟使能的 2 位十进制计数器

第 2 个计数器的 4 位计数器输出是 q[7]、q[6]、q[5] 和 q[4]，总线输出信号是 q[7..4]。这两个计数器总的进位信号，即可用于扩展输出的进位信号，由一个 6 输入与门和两个反相器产生，由 cout 输出。clr 是计数器的清零信号。

三、实验内容

1. 计数器电路的实现

根据图 2.7.1 所示电路在原理图编辑窗中完成该电路的全部绘制。绘制过程中应特别注意图形设计规则中信号标号和总线的表达方式。若将一根细线变成以粗线显示的总线，可以将其点击使其变成红色，再选择 "Option" 菜单中的 "Line Style" 项；若在某线上加信号标号，也应该在该线某处点击使其变成红色，然后键入标号名称。标有相同标号的线段可视做连接线段，但可不必直接连接。对于以标号方式进行的总线连接可以参照图 2.7.1。

当 2 位十进制计数器电路按图 2.7.1 所示电路结构连接好后，用 conter8.bdf 文件名存盘。然后选择 "File" 菜单中的 "Create/Update" 选项下的子菜单 "Create Symbol Files for Current File" 项，此时即将当前文件变成了一个包装好的单一元件，并被放置在工程路径指定的目录中以备后用。包装好的 2 位十进制计数器单一元件符号如图 2.7.2 所示。

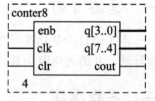

图 2.7.2　计数器元件符号

2. 仿真波形

按照仿真波形操作步骤，可得到 2 位十进制计数器的仿真波形，如图 2.7.3 所示。由波形图可见，电路的功能完全符合原设计要求。当 clk 输入时钟信号时，clr 信号具有清零功能；当 enb 为高电平时允许计数，低电平时禁止计数；当低 4 位计数器计到 9 时向高 4 位计数器进位；另外由于图 2.7.3 中没有显示高 4 位计数器记到 9 的情况，故看不到 cout 的进位信号。

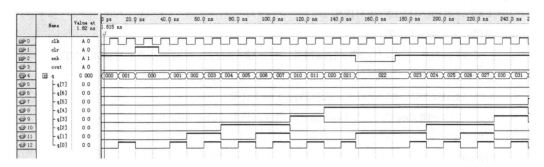

图 2.7.3　2 位十进制计数器工作波形

四、实验要求

(1) 按照图 2.7.1 所示的 2 位十进制计数器电路，完成原理图的输入设计。

(2) 仿真电路设计结果。

实验 2.8　数控分频器设计

一、实验目的

本实验的目的是让读者学习数控分频器的设计、分析和测试方法。

二、实验原理

数控分频器的功能就是当在输入端给定不同输入数据时，将对输入的时钟信号有不同的分频比。本实验的数控分频器是用计数值可并行预置的加法计数器设计完成的，具体操作是将计数溢出位与预置数加载输入信号相接即可，参考源程序如下：

```
LIBRARY IEEE;
USE IEEE.STD_LOGIC_1164.ALL;
USE IEEE.STD_LOGIC_UNSIGNED.ALL;
ENTITY PULSE IS
    PORT (CLK: IN STD_LOGIC;
            D: STD_LOGIC_VECTOR(7 DOWNTO 0);
            FOUT: OUT STD_LOGIC);
END;
ARCHITECTURE one OF PULSE IS
    SIGNAL FULL: STD_LOGIC;
BEGIN
```

```
P_REG: PROCESS(CLK)
    VARIABLE CNT8: STD_LOGIC_VECTOR(7 DOWNTO 0);
    BEGIN
  IF CLK'EVENT AND CLK='1'THEN
    IF CNT8="11111111"THEN
        CNT8:=D;        --当 CNT8 计数器计满时，输入数据 D 被同步预置给计数器 CNT8
        FULL<='1';       --同时使溢出标志信号 FULL 输出为高电平
          ELSE CNT8:=CNT8+1;  --否则继续作加 1 计数
            FULL<='0';          --且输出溢出标志信号 FULL 为低电平
      END IF;
    END IF;
  END PROCESS P_REG;
P_DIV: PROCESS(FULL)
   VARIABLE CNT2: STD_LOGIC;
BEGIN
IF FULL'EVENT AND FULL='1'
   THEN CNT2:=NOT CNT2;    --如果溢出标志信号 FULL 为高电平，D 触发器输出取反
      IF CNT2='1'THEN FOUT<='1';
         ELSE FOUT<='0';
         END IF;
    END IF;
  END PROCESS P_DIV;
END;
```

三、实验内容

(1) 分析本设计电路源程序的各语句功能、设计原理、逻辑功能，并详述进程 P_REG 和 P_DIV 的作用。

(2) 按图 2.8.1 提供的不同输入值 D，仿真本设计电路，clk 周期选择 10 ns。

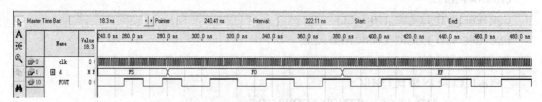

图 2.8.1　数控分频器仿真波形

(3) 在实验系统上硬件验证本设计电路的功能。选择目标芯片为 EP2C35F672C6，设置 SW0-7，负责输入 8 位预置数 D；clk 可由 PIN_N2 输入，频率为 50 MHz；输出 FOUT 接扬声器(可以多级分频，确保分频后落在音频范围)。编译下载后进行硬件测试：改变按键输入值，可听到不同音调的声音。

四、思考题

选择其他实验电路模式，完成数控分频器的硬件验证。

实验 2.9　2 位十进制频率计原理图输入设计

一、实验目的

本实验的目的是让读者掌握复杂时序逻辑电路的 EDA 原理图输入设计方法和文本设计方法，并通过电路仿真，进一步了解 2 位十进制频率计的功能和特性。

二、实验原理

本电路是利用实验 2.7 2 位十进制计数器的设计结果，完成 2 位十进制频率计原理图输入设计。根本频率计的测频原理，频率计主体结构的电路如图 2.9.1 所示。该电路中的 74374 是 8 位锁存器；7447 是七段 BCD 译码器，它的 7 位输出可以直接与七段共阳极数码管相接。上面的数码管显示个位频率计数值，下面的数码管显示十位频率计数值；conter8 是图 2.7.1 电路构成的 2 位十进制计数器元件。

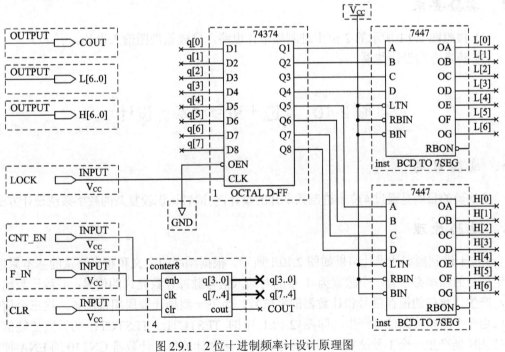

图 2.9.1　2 位十进制频率计设计原理图

三、实验内容

2 位十进制频率计电路的仿真波形如图 2.9.2 所示，由该波形可以清楚地了解电路的工作原理。F_IN 是待测频率信号(设其频率周期为 10 ns)；CNT_EN 是对待测频率脉冲计数允许信号(设其频率周期为 320 ns)，CNT_EN 为高电平时允许计数，低电平时禁止计数。

仿真波形显示，当 CNT_EN 为高电平时允许 conter8 对 F_IN 计数，低电平时 conter8 停止计数，由锁存信号 LOCK 发出的脉冲将 conter8 中的两个 4 位十进制数 "16" 锁存进 74374 中，并由 74374 分高低位通过总线 H[6..0]和 L[6..0]输给 7447 译码输出显示，这就是测得的频率值。"16" 的七段译码值分别是 "79" 和 "03"。此后由清零信号 CLR 对计数器 conter8 清零，以备下一周期计数之用。

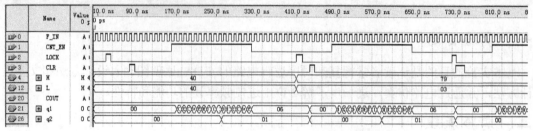

图 2.9.2　2 位十进制频率计测频仿真波形

注意：由于有锁存器 74374 的存在，即使在 conter8 被清零后，数码管仍然能稳定显示上一测频中测得的频率值。另外，图 2.9.1 中的进位信号 COUT 是留待频率计扩展用的。在实际测试中，由于 CNT_EN 是测频控制信号，如果其频率选定为 0.5 Hz，则其允许计数的脉宽为 1 s，这样数码管就能直接显示 F_IN 的频率值了。

四、实验要求

(1) 按照图 2.9.1 所示的 2 位十进制频率计电路，完成原理图输入设计。
(2) 仿真电路设计结果。

实验 2.10　4 位十进制频率计设计

一、实验目的

本实验的目的是通过 4 位十进制频率计的设计，使读者认识较复杂的数字系统设计方法。

二、实验原理

4 位十进制频率计设计结果如图 2.10.1 所示。根据频率的定义和频率测量的基本原理，测定信号的频率必须有一个脉宽为 1 秒的对输入信号脉冲计数允许的信号；1 秒计数结束后，产生计数值的锁存信号和计数器清零信号，为下一测频计数周期做准备。这三个信号可以由一个测频控制信号产生，即图 2.10.1 中的 TESTCTL。TESTCTL 的计数使能信号 CNT_EN 能产生一个 1 秒脉宽的周期信号，并对频率计的每一计数器 CNT10 的 ENA 使能端进行同步控制。当 CNT_EN 为高电平时，允许计数；低电平时停止计数，并保持其记录的脉冲数。在停止计数期间，首先用锁存信号 LOAD 的上跳沿，将计数器在前 1 秒的计数值锁存于各锁存器 REG4B 中，并由外部的七段译码器译码，并显示计数结果。设置锁存器的好处是，显示的数据稳定，不会由于周期性的清零信号而不断闪烁。锁存信号之后，必须用清零信号 RST_CNT 对计数器进行清零，为下 1 秒的计数操作做准备。频率计工作时序波形如图 2.10.2 所示。

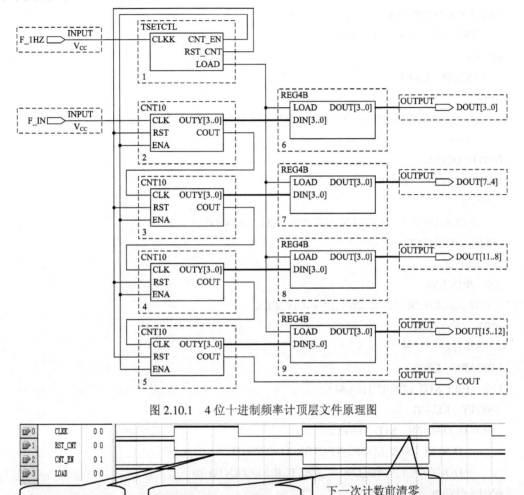

图 2.10.1　4 位十进制频率计顶层文件原理图

图 2.10.2　频率计测频控制器 TESTCTL 测控时序图

三、实验内容

(1) 根据图 2.10.1 所示的 4 位十进制频率计顶层文件原理图，编写测频控制器、十进制计数器和 4 位锁存器的 VHDL 源程序，并分别用 TESTCTL.vhd、CNT10.vhd 和 REG4B.vhd 为源文件名存入工作目录中，它们的参考源程序如下：

```
--测频控制器
LIBRARY IEEE;
USE IEEE.STD_LOGIC_1164.ALL;
USE IEEE.STD_LOGIC_UNSIGNED.ALL;
ENTITY  TESTCTL  IS
  PORT(CLKK: IN   STD_LOGIC;
```

```vhdl
              CNT_EN, RST_CNT, LOAD: OUT STD_LOGIC);
    END TESTCTL;
ARCHITECTURE  behave  OF  TESTCTL  IS
    SIGNAL DIV2CLK: STD_LOGIC;
BEGIN
    PROCESS(CLKK)
BEGIN
IF CLKK'EVENT AND CLKK='1'THEN   DIV2CLK<=NOT DIV2CLK;
    END IF;
END PROCESS;
PROCESS (CLKK, DIV2CLK)
   BEGIN
      IF CLKK='0'AND DIV2CLK='0'THEN   RST_CNT<='1';
   ELSE   RST_CNT<='0';
       END IF;
END PROCESS;
    LOAD<=NOT DIV2CLK; CNT_EN<=DIV2CLK;
END ;
--4 位锁存器
LIBRARY   IEEE;
USE   IEEE.STD_LOGIC_1164.ALL;
ENTITY  REG4B  IS
   PORT(LOAD: IN   STD_LOGIC;
        DIN: IN   STD_LOGIC_VECTOR(3 DOWNTO 0);
        DOUT: OUT   STD_LOGIC_VECTOR(3 DOWNTO 0));
END   REG4B;
ARCHITECTURE  behave  OF  REG4B  IS
BEGIN
   PROCESS(LOAD, DIN)
     BEGIN
    IF  LOAD'EVENT  AND  LOAD='1'THEN   DOUT<=DIN;   --时钟到来时，锁存输入数据
     END  IF;
END PROCESS;
END behave;
--十进制计数器
LIBRARY   IEEE;
USE   IEEE.STD_LOGIC_1164.ALL;
USE   IEEE.STD_LOGIC_UNSIGNED.ALL;
ENTITY CNT10 IS
```

```
    PORT(CLK, RST, ENA: IN   STD_LOGIC;
OUTY: OUT STD_LOGIC_VECTOR(3   DOWNTO 0);
COUT: OUT STD_LOGIC);
END   Cnt10;
ARCHITECTURE   one   OF   Cnt10   IS
  SIGNAL   CQI: STD_LOGIC_VECTOR(3 DOWNTO 0):="0000";
BEGIN
  P_REG: PROCESS(CLK, RST, ENA)
    BEGIN
      IF   RST='1'THEN   CQI<="0000";
        ELSIF CLK'EVENT AND CLK='1'THEN
            IF   ENA='1'THEN
      IF CQI<9 THEN CQI<=CQI+1;
       ELSE   CQI<="0000";
        END   IF;
       END   IF;
      END   IF;
    OUTY<=CQI;
END   PROCESS   P_REG;
COUT<=NOT(CQI(0) AND CQI(3));
    END   one;
```

(2) 描述 4 位十进制频率计的工作原理，并根据图 2.10.1 写出频率计的顶层文件，给出其测频时序波形，再加以分析。

(3) 频率计设计的硬件验证。编译、综合和适配频率计顶层设计文件，并编程下载进入目标芯片中。选择目标芯片为 EP2C35F672C6，四个数码管 HEX3～HEX0 显示测频输出；待测频率输入 F_IN 由 PIN_N2 输入(由 50 MHz 分频获得)；1 Hz 测频控制信号 F_1HZ 可由 PIN_N2 输入(由 50 MHz 分频获得)。

(4) 附加实验内容。将频率计扩展为 8 位十进制频率计，并在测频速度上给予优化，使其能测出更高的频率。

四、思考题

如何设计 8 位十进制频率计电路。

实验 2.11 秒 表 设 计

一、实验目的

本实验的目的是通过秒表的设计，使读者认识较复杂的数字系统设计方法。

二、实验原理

秒表电路结构的原理图如图 2.11.1 所示。

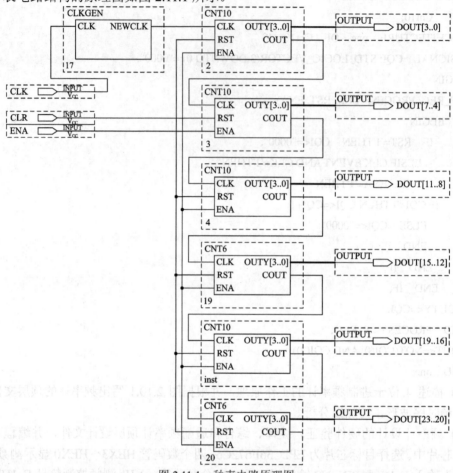

图 2.11.1　秒表电路原理图

秒表的电路结构主要由分频器 CLKGEN、十进制计数器/分频器 CNT10 和六进制计数器/分频器 CNT6 组成。该设计中需要获得一个比较精确的 100 Hz(周期为 1/100 s)的计时脉冲。将 50 MHz 的输入频率送到分频器 CLKGEN 进行 500 000 分频后，得到的 100 Hz 频率，由 NEWCLK 输出。然后将 NEWCLK 输出信号经过两个十进制计数器 CNT10 分频，得到 0.00~0.99 秒输出 DOUT[7..4] 和 DOUT[3..0]，并产生 1 秒进位输出。1 秒进位输出经过由 CNT10 和 CNT6 构成的 60 分频器分频后，得到 0~59 秒的输出 DOUT[15..12] 和 DOUT[11..8]，并产生 1 分钟进位输出。1 分钟进位输出经过由 CNT10 和 CNT6 构成的 60 分频器分频后，得到 0~59 秒的输出 DOUT[23..20]和DOUT[19..16]。

另外，秒表电路用 ENA 作为计时允许信号，当 ENA = 1 时计时开始，当 ENA = 0 时计时结束。CLR 是清除信号，当 CLR = 1 时，秒表记录的时间被清除。

三、实验内容

(1) 根据图 2.11.1 所示的秒表电路原理图，编写 500000 分频器 CLKGEN、十进制计数器 CNT10 和六进制计数器 CNT6 的 VHDL 源程序，并分别用 CLKGEN.vhd、CNT10.vhd 和 CNT6.vhd 为源文件名存入工作目录中。CNT10.vhd 已在实验 2.10 中给出，CLKGEN.vhd 和 CNT6.vhd 的参考源程序如下：

```
--500000 分频器
LIBRARY   IEEE;
USE   IEEE.STD_LOGIC_1164.ALL;
USE   IEEE.STD_LOGIC_UNSIGNED.ALL;
ENTITY   CLKGEN   IS
    PORT(CLK: IN   STD_LOGIC;
            NEWCLK: OUT   STD_LOGIC);
END   CLKGEN;
ARCHITECTURE one OF   CLKGEN   IS
SIGNAL CNTER: INTEGER RANGE 0 TO 16#7A11F#;
    BEGIN
    PROCESS(CLK)
BEGIN
IF CLK'EVENT   AND   CLK='1' THEN
    IF   CNTER=16#7A11F#THEN   CNTER<=0;
        ELSE   CNTER<=CNTER+1;
    END   IF;
END   IF;
END   PROCESS;
PROCESS(CNTER)
    BEGIN
IF   CNTER=16#7A11F#THEN   NEWCLK<='1';
ELSE   NEWCLK<='0';
END   IF;
    END   PROCESS;
END   one;
--六进制计数器
LIBRARY   IEEE;
USE   IEEE.STD_LOGIC_1164.ALL;
USE   IEEE.STD_LOGIC_UNSIGNED.ALL;
ENTITY   CNT6   IS
    PORT(CLK, RST, ENA: IN   STD_LOGIC;
OUTY: OUT   STD_LOGIC_VECTOR(3   DOWNTO 0);
        COUT: OUT   STD_LOGIC);
END Cnt6;
ARCHITECTURE   one   OF   Cnt6   IS
```

```vhdl
SIGNAL CQI: STD_LOGIC_VECTOR(3 DOWNTO 0):="0000";
BEGIN
  P_REG: PROCESS(CLK, RST, ENA)
BEGIN
  IF RST='1'THEN CQI<="0000";
    ELSIF  CLK'EVENT  AND  CLK='1'THEN
      IF  ENA='1'THEN
        IF  CQI<5  THEN  CQI <=CQI+1;
          ELSE CQI<="0000";
        END  IF;
      END  IF;
    END  IF;
OUTY<=CQI;
  END  PROCESS  P_REG;
COUT<=NOT(CQI(0)AND CQI(2));
END one;
```

(2) 仿真设计的秒表电路，给出时序波形，并加以分析。

(3) 秒表电路设计的硬件验证。编译、综合和适配秒表电路顶层设计文件，并编程下载进入目标芯片中。选择目标芯片为 EP2C35F672C6，用六个数码管显示计时结果，"数码管 HEX1"和"数码管 HEX0"显示 0.0～0.99 秒的计时结果；数码管 HEX3 和数码管 HEX2 显示秒的计时结果；数码管 HEX5 和数码管 HEX4 显示分的计时结果。"拨动开关 SW0"与秒表电路 ENA 连接，作为计时开始和结束控制；拨动开关 SW1 与 CLR 信号连接，作为秒表的清除键。输入的 50 MHz 频率从 PIN_N2 管脚引入。

四、思考题

如何在秒表电路中增加计时的时间范围，即计时显示扩展到小时。

实验 2.12　计时电路设计

一、实验目的

本实验的目的是通过计时电路的设计，使读者认识较复杂的数字系统文本输入和原理图输入设计方法。

二、实验原理

计时电路结构的原理如图 2.12.1 所示。

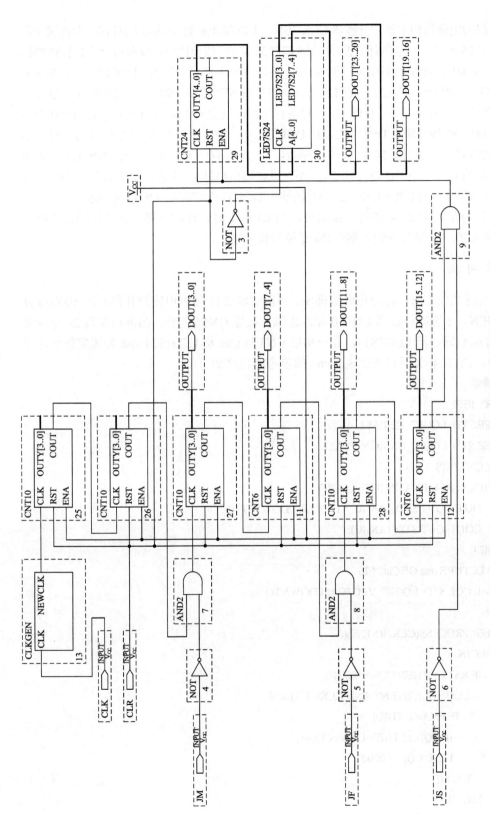

图 2.12.1 计时系统电路原理图

计时电路的电路结构主要由分频器 CLKGEN、十进制计数器/分频器 CNT10、六进制计数器/分频器 CNT6 和二十四进制计数器/分频器 CNT24 组成。该设计中需要获得一个比较精确的 100 Hz(周期为 1/100 s)的计时脉冲。将 50 MHz 的输入频率送到分频器 CLKGEN 进行 500000 分频后，得到的 100 Hz 频率由 NEWCLK 输出。然后将 NEWCLK 输出信号经过两个十进制计数器 CNT10 分频，得到 1 秒进位输出。1 秒进位输出经过由 CNT10 和 CNT6 构成的 60 分频器后，得到 00～59 秒的输出 DOUT[7..4]和 DOUT[3..0]，产生 1 分钟进位输出。1 分钟进位输出经过由 CNT10 和 CNT6 构成的 60 分频器后，得到 00～59 分的输出 DOUT[15..12]和 DOUT[11..8]，并产生 1 小时的进位输出。1 小时进位输出经过由 24 分频器 CNT24 分频后，经过 LED7S24 译码器译码后得到 00～23 小时的输出 DOUT[23..20]和 DOUT[19..16]。

另外，计时电路用 CLR 作为清除信号，当 CLR=1 时，计时电路记录的时间被清除。JS 是校时输入端，JF 是校分输入端，JM 是校秒输入端。

三、实验内容

(1) 根据图 2.12.1 所示计时电路原理图，利用实验 2.11 秒表电路设计得到的 500000 分频器 CLKGEN、十进制计数器 CNT10 和六进制计数器 CNT6 元件，另外再编写 24 分频器 CNT24 和分频后译码器 LED7S24，并分别用 CNT24.vhd 和 LED7S24.vhd 为源文件名存于工作目录中。CNT24.vhd 和 LED7S24.vhd 的参考源程序如下：

```
--24 分频器
LIBRARY IEEE;
USE IEEE.STD_LOGIC_1164.ALL;
USE IEEE.STD_LOGIC_UNSIGNED.ALL;
ENTITY CNT24 IS
    PORT(CLK, RST, ENA: IN STD_LOGIC;
            OUTY: OUT STD_LOGIC_VECTOR(4 DOWNTO 0);
            COUT: OUT STD_LOGIC);
END Cnt24;
ARCHITECTURE one OF Cnt24 IS
    SIGNAL CQI: STD_LOGIC_VECTOR(4 DOWNTO 0);
    BEGIN
     P_REG: PROCESS(CLK, RST, ENA)
        BEGIN
          IF RST='1' THEN CQI<="0000";
            ELSIF CLK'EVENT AND CLK='1' THEN
                IF ENA='1' THEN
                  IF CQI<23 THEN CQI<=CQI+1;
                  ELSE CQI<="0000";
              END IF;
            END IF;
          END IF;
```

```
  OUTY<=CQI;
END PROCESS P_REG;
  COUT<=NOT(CQI(0) AND CQI(1) AND CQI(2) AND CQI(4));
END one;
--小时译码器
LIBRARY IEEE;
USE IEEE.STD_LOGIC_1164.ALL;
ENTITY led7s24 IS
  PORT(CLR: IN STD_LOGIC;
       A: IN BIT_VECTOR(4 DOWNTO 0);
  LED7S1: OUT BIT_VECTOR(3 DOWNTO 0);
  LED7S2: OUT BIT_VECTOR(7 DOWNTO 4));
END;
ARCHITECTURE ONE OF led7s24 IS
SIGNAL LED7S: BIT_VECTOR(7 DOWNTO 0);
  BEGIN
  PROCESS(CLR, A)
  BEGIN
  IF CLR='0' THEN LED7S<="00000000";
    ELSE
    CASE A(4 DOWNTO 0)IS
      WHEN "00000"=>LED7S<="00000000";
      WHEN "00001"=>LED7S<="00000001";
      WHEN "00010"=>LED7S<="00000010";
      WHEN "00011"=>LED7S<="00000011";
      WHEN "00100"=>LED7S<="00000100";
      WHEN "00101"=>LED7S<="00000101";
      WHEN "00110"=>LED7S<="00000110";
      WHEN "00111"=>LED7S<="00000111";
      WHEN "01000"=>LED7S<="00001000";
      WHEN "01001"=>LED7S<="00001001";
      WHEN "01010"=>LED7S<="00010000";
      WHEN "01011"=>LED7S<="00010001";
      WHEN "01100"=>LED7S<="00010010";
      WHEN "01101"=>LED7S<="00010011";
      WHEN "01110"=>LED7S<="00010100";
      WHEN "01111"=>LED7S<="00010101";
      WHEN "10000"=>LED7S<="00010110";
      WHEN "10001"=>LED7S<="00010111";
      WHEN "10010"=>LED7S<="00011000";
```

```
            WHEN "10011"=>LED7S<="00011001";
            WHEN "10100"=>LED7S<="00100000";
            WHEN "10101"=>LED7S<="00100001";
            WHEN "10110"=>LED7S<="00100010";
            WHEN "10111"=>LED7S<="00100011";
            WHEN OTHERS=>NULL;
                END CASE;
            END IF;
        LED7S2<=LED7S(7 DOWNTO 4);
        LED7S1<=LED7S(3 DOWNTO 0);
        END PROCESS;
    END;
```

(2) 仿真设计的计时电路，给出时序波形并加以分析。

(3) 计时电路设计的硬件验证。编译、综合和适配计时电路顶层设计文件，并编程下载进入目标芯片中。选择目标芯片为 EP2C35F672C6，用六个数码管显示计时结果，数码管 HEX1 和数码管 HEX0 显示 00～59 秒的计时结果；数码管 HEX3 和数码管 HEX2 显示 00～59 分的计时结果；数码管 HEX5 和数码管 HEX4 显示 00～23 小时的计时结果。拨动开关 SW0 与计时电路 CLR 信号连接，作为计时器的清除键。拨动开关 SW1 与校时输入 JS 信号连接，用单脉冲产生校时；拨动开关 SW2 与校分输入 JF 信号连接，拨动开关 SW3 与校秒输入 JM 信号连接，分别产生校分和校秒信号。输入的 50 MHz 频率从"PIN_N2"管脚引入。

四、思考题

如何设计小时以十二进制方式显示的计时器电路和倒计时电路。

实验 2.13　电子抢答器设计

一、实验目的

本实验的目的是通过电子抢答器的设计，让读者学习较复杂的数字系统文本输入和原理图输入设计方法。

二、实验原理

电子抢答器可同时供八名选手或八个代表队参加比赛，它们的编号分别是 0、1、2、3、4、5、6、7，每队各用一个抢答器，按钮的编号与选手的编号相对应，分别是 S0、S1、S2、S3、S4、S5、S6、S7。节目主持人设置一个控制按钮 K，用来控制系统的清零，使编号显示数码管灯灭表示抢答开始。抢答器具有数据锁存和显示功能，抢答开始后，若有选手按动抢答按钮，编号立即锁存，并在 LED 数码管上显示出选手编号。此外，要封锁输入电路，禁止其他选手抢答。优先抢答选手的编号一直保持到主持人将系统清零为止。

电子抢答器电路原理图如图 2.13.1 所示，电路由基本元件构成，包括八个 D 触发

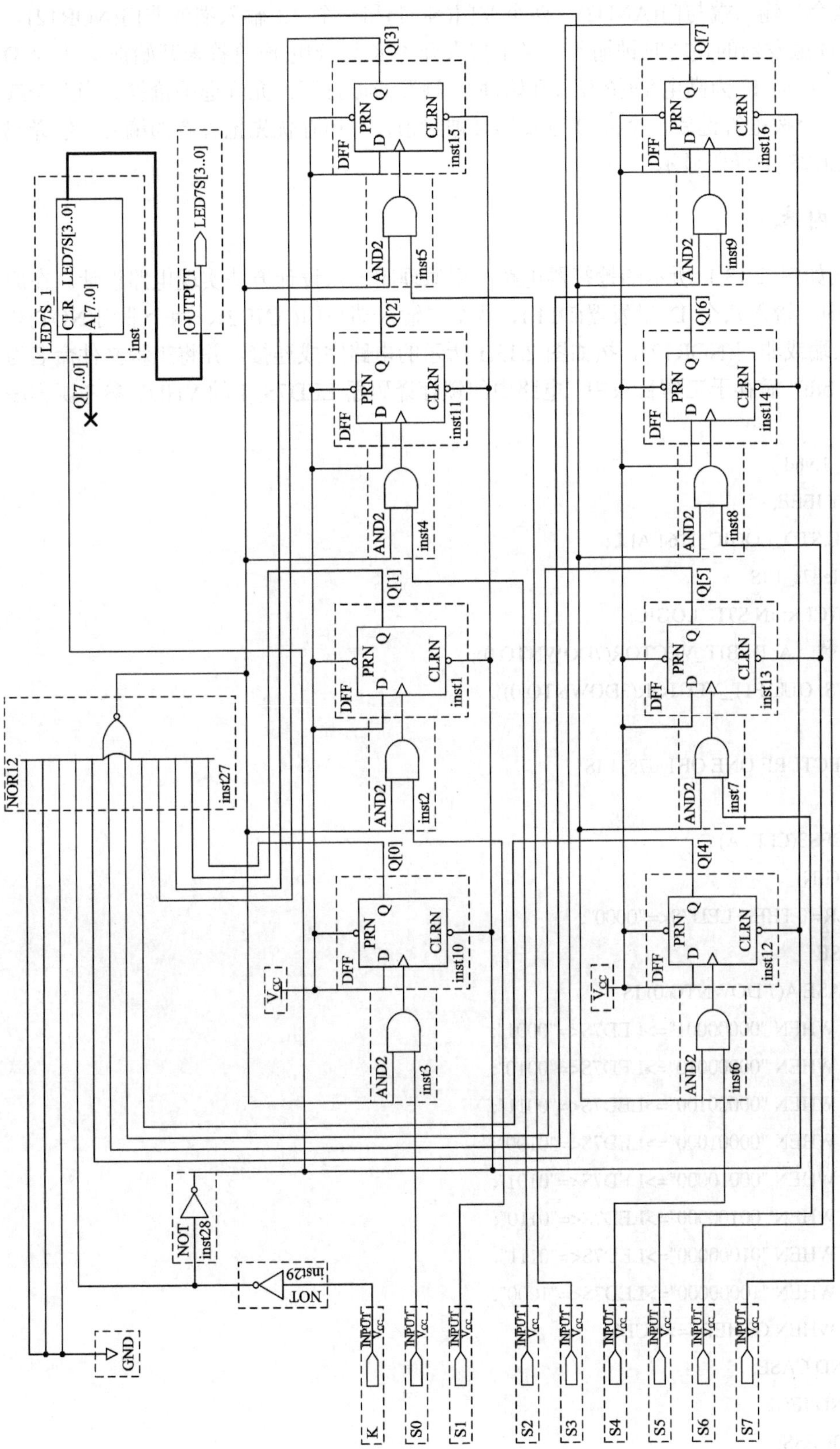

图 2.13.1 电子抢答器电路原理图

器(DFF)、八个二输入端与门(AND2)、两个非门(NOT)和一个 12 输入端或非门(NOR12)。用与门构成 D 触发器的使能时钟输入，当主持人开关 K 为低电平(抢答未开始)时，八个 D 触发器被封锁；当 K 为高电平(抢答未开始)时，触发器被打开，允许选手抢答。当八个选手中有任何一个按抢答键后，全部 D 触发器又被封锁，并锁存优先抢答者的编号，经译码显示电路(LED7S_1)译码显示。

三、实验内容

(1) 根据如图 2.13.1 所示的抢答器电路，用原理图输入设计方法实现电路设计。在原理图编辑窗中，输入八个 D 触发器(DFF)、八个二输入端与门(AND2)、两个非门(NOT)和一个 12 输入端或非门(NOR12)，按如图 2.13.1 所示的电路完成连接，并将工程文件命名为"Qiangdaqi.bdf"后存于工作目录中。电路中的锁存译码器 LED7S_1 的 VHDL 参考源程序如下：

```
--LED7S_1.vhd
LIBRARY IEEE;
USE IEEE.STD_LOGIC_1164.ALL;
ENTITY led7s_1 IS
    PORT(CLR: IN STD_LOGIC;
            A: IN BIT_VECTOR(7DOWNTO 0);
    LED7S: OUT BIT_VECTOR(3DOWNTO 0));
END;
ARCHITECTURE ONE OF led7s_1 IS
BEGIN
    PROCESS(CLR, A)
      BEGIN
    IF CLR='0'THEN LED7S<="0000";
      ELSE
      CASE A(7 DOWNTO 0) IS
        WHEN "00000001"=>LED7S<="0001";
        WHEN "00000010"=>LED7S<="0010";
        WHEN "00000100"=>LED7S<="0011";
        WHEN "00001000"=>LED7S<="0100";
        WHEN "00010000"=>LED7S<="0101";
        WHEN "00100000"=>LED7S<="0110";
        WHEN "01000000"=>LED7S<="0111";
        WHEN "10000000"=>LED7S<="1000";
        WHEN OTHERS=>NULL;
      END CASE;
      END IF;
    END PROCESS;
```

END;

(2) 仿真设计计时电路，给出时序波形并加以分析。

(3) 抢答器电路设计的硬件验证。编译、综合和适配电子抢答器顶层设计文件，并编程下载进入目标芯片中。选择目标芯片为 EP2C35F672C6，数码管 HEX0 显示抢答选手的编号。拨动开关 SW0 作为主持人开关 K，拨动开关 SW8～SW1 作为选手的抢答键。

四、思考题

如何在抢答器电路中增加抢答限时控制部分的电路。

实验 2.14　ADC 采样控制电路设计

一、实验目的

本实验的目的是通过实验学习用状态机实现对 A/D 转换器 ADC0809 的采样控制电路设计及较为复杂系统的 VHDL 编程方法。

二、实验原理

ADC0809 具有 8 个模拟输入线(IN0～IN7)通道，可在程序控制下对任意通道进行 A/D 转换，获得 8 位二进制数字量(D7～D0)。其工作时序和管脚图如图 2.14.1 所示。

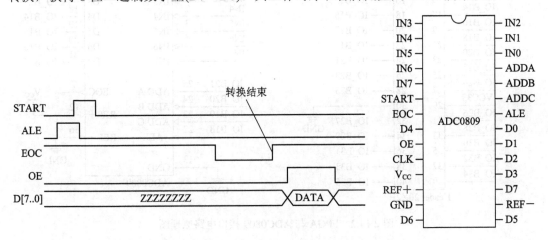

图 2.14.1　ADC0809 工作时序和管脚图

模拟输入部分有 8 路开关，可由 3 位地址输入 ADDA、ADDB 和 ADDC 的不同组合来选择，ALE 为地址锁存信号，高电平有效，锁存这 3 条地址输入信号。主体部分是采用逐次逼近式的 A/D 转换电路，由 CLOCK 控制的内部电路工作，START 为启动命令，高电平有效，启动 ADC0809 内部的 A/D 转换，当转换完成，输出信号 EOC 有效，OE 为输出允许信号，高电平有效，打开输出三态缓冲器，把转换后的结果输入数据锁存器。

FPGA 与 ADC0809 的工作过程：当模拟量送至某一输入通道 INx 后，FPGA 将标识该通道编码的 3 位地址信号经数据线或地址线输入到 ADDC、ADDB 和 ADDA 引脚上；地址锁存允许 ALE 锁存这 3 位地址信号，启动命令 START 启动 A/D 转换；转换开始，EOC 变为低电平，转换结束，EOC 变为高电平，EOC 可作为中断请求信号；转换结束后，可通过执行 IN 指令，设法在输出允许 OE 脚上形成一个正脉冲，打开三态缓冲器把转换的结果输入到数据锁存器，一次 A/D 转换便完成了。FPGA 与 ADC0809 接口电路原理图如图 2.14.2 所示。

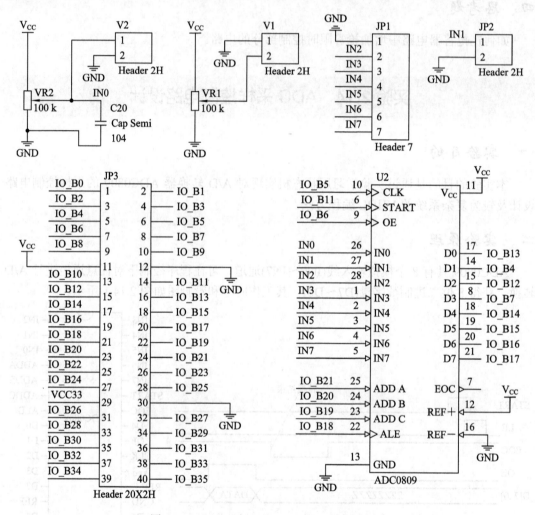

图 2.14.2　FPGA 与 ADC0809 接口电路原理图

FPGA 与 ADC0809 接口电路是利用 DE2 预留的扩展槽设计的，设计说明如下：

（1）IO 端的 B13、B4、B12、B7、B14、B15、B16、B17 接收 ADC0809 的 8 位数数据。

（2）IO 端的 B10 接收 ADC0809 的转换结束信号 EOC。

（3）IO 端的 B21、B20、B19 为 ADC0809 提供 8 路模拟信号开关的 3 位地址选通信号（ADDA、ADDB 和 ADDC）。

（4）IO 端的 B18 为 ADC0809 提供地址锁存控制信号 ALE：高电平时把三个地址信号送入地址锁存器，并经译码器得到地址输出，以选择相应的模拟输入通道。

(5) IO 端的 B6 为 ADC0809 提供输出允许控制信号 ENABLE：当电平由低变高时，打开输出锁存器，将转换结果的数字量传送到数据总线上。

(6) IO 端的 B11 为 ADC0809 提供启动控制信号 START：一个正脉冲过后 A/D 开始转换。

(7) IO 端的 B5 为 ADC0809 提供时钟信号 CLOCK。

(8) IN0～IN7：8 路模拟信号输入端口。

(9) REF+ 和 REF−：参考电压输入端口。

三、实验内容

ADC0809 控制的 VHDL 采样控制程序主要包括：ADC0809 采样控制模块，实现 ADC0809 的启动以及转换数据的读取；数据处理模块，实现 ADC0809 四位数字量对应 BCD 码的变换和处理；显示控制模块，实现 LED 段码译码输出几个部分。

1. ADC0809 采样控制模块

根据 ADC0809 工作时序编写采样控制程序，将源文件命名为"ADC0809.vhd"并存于工作目录中。它们的参考源程序如下：

```vhdl
library ieee;
use ieee.std_logic_1164.all;
use ieee.std_logic_unsigned.all;
use ieee.std_logic_arith.all;
entity ADC0809 is
    port (    d        : in std_logic_vector(7 downto 0);        --ADC0809 输出的采样数据
            clk, eoc   : in std_logic;          --CLK 为系统时钟，EOC 为 ADC0809 转换结束信号
         clk1, start, ale, en: out std_logic;        --ADC0809 控制信号
            abc_in   : in std_logic_vector(2 downto 0);      --模拟选通信号
            abc_out  : out std_logic_vector(2 downto 0);     --ADC0809 模拟信号选通信号
            q        : out std_logic_vector(7 downto 0));    --送至 8 个并排数码管信号
    end ADC0809;
architecture behav of ADC0809 is
type states is ( st0, st1, st2, st3, st4, st5, st6);        --定义各状态的子类型
signal current_state,   next_state: states:=st0;
signal regl : std_logic_vector(7 downto 0);        --中间数据寄存信号
signal qq: std_logic_vector(7 downto 0);
begin
com: process(current_state, eoc)        --规定各种状态的转换方式
begin
    case current_state is
    when st0=>next_state<=st1;ale<='0';start<='0';en<='0';
    when st1=>next_state<=st2;ale<='1';start<='0';en<='0';
    when st2=>next_state<=st3;ale<='0';start<='1';en<='0';
```

```
    when st3=>                    ale<='0';start<='0';en<='0';
        if eoc='1' then next_state<=st3;                    --检测 EOC 的下降沿
        else next_state<=st4;
        end if;
    when st4=>                    ale<='0';start<='0';en<='0';
        if eoc='0' then next_state<=st4;                    --检测 EOC 的上升沿
else next_state<=st5;
end if;
    when st5=>next_state<=st6;ale<='0';start<='0';en<='1';
    when st6=>next_state<=st0;ale<='0';start<='0';en<='1';regl<=d;
    when others=> next_state<=st0;ale<='0';start<='0';en<='0';
    end case;
end process;
clock: process(clk)                    --对系统时钟进行分频，得到 ADC0809 转换工作时钟
begin
  if clk'event and clk='1' then qq<=qq+1;        --在 CLK1 的上升沿，转换至下一状态
if qq="01111111" then clk1<='1'; current_state <=next_state;
    elsif qq<="01111111" then clk1<='0';
        end if;
    end if;
end process;
q<=regl;    abc_out<=abc_in;
end behav;
```

2．显示控制模块

由于十六进制的输出显示不够人性化，需编制十六进制输入、十进制输出的转换程序，并以 valconv.vhd 为源文件名存于工作目录中，它们的参考源程序如下：

```
library ieee;
use ieee.std_logic_1164.all;
use ieee.std_logic_arith.all;
use ieee.std_logic_unsigned.all;

entity valconv is
port(
        q: in std_logic_vector(7 downto 0);      --ad
        a: out std_logic_vector(6 downto 0);      --小数点后第 2 位
        b: out std_logic_vector(6 downto 0);      --小数点后第 1 位
        c: out std_logic_vector(6 downto 0));     --个位
```

```
end valconv;

architecture bhv of valconv is
        signal var1, var2, var3: integer;          --分别对应将二进制数据转化为十进制
begin
process(q)                                          --数据读出时转化成十进制并显示
begin

var1<=50*CONV_INTEGER(q)/2550;                      --计算各位
var2<=50*CONV_INTEGER(q)/255 rem 10;                --计算小数点后第 1 位
var3<=500*CONV_INTEGER(q)/255 rem 10;               --计算小数点后第 2 位

case var1 is                                        --对个位译码
    when 0 => c <= "1000000";        --0
    when 1 => c <= "1111001";        --1
    when 2 => c <= "0100100";        --2
    when 3 => c <= "0110000";        --3
    when 4 => c <= "0011001";        --4
    when 5 => c <= "0010010";        --5
    when 6 => c <= "0000010";        --6
    when 7 => c <= "1111000";        --7
    when 8 => c <= "0000000";        --8
    when 9 => c <= "0010000";        --9
    when others => c <= "1111111";
end case;

case var2 is                         --对小数点后第 1 位译码
    when 0 => b <= "1000000";
    when 1 => b <= "1111001";
    when 2 => b <= "0100100";        --2
    when 3 => b <= "0110000";        --3
    when 4 => b <= "0011001";        --4
    when 5 => b <= "0010010";        --5
    when 6 => b <= "0000010";        --6
    when 7 => b <= "1111000";        --7
    when 8 => b <= "0000000";        --8
    when 9 => b <= "0010000";        --9
    when others => b <= "1111111";
end case;
```

```
    case var3 is                          --对小数点后第2位译码
        when 0 => a <= "1000000";
        when 1 => a <= "1111001";
        when 2 => a <= "0100100";        --2
        when 3 => a <= "0110000";        --3
        when 4 => a <= "0011001";        --4
        when 5 => a <= "0010010";        --5
        when 6 => a <= "0000010";        --6
        when 7 => a <= "1111000";        --7
        when 8 => a <= "0000000";        --8
        when 9 => a <= "0010000";        --9
        when others => a <= "1111111";
    end case;
end process;
end bhv;
```

ADC 采样控制电路设计实验步骤如下：

(1) 新建 Quartus Ⅱ 工程，参考给出的程序，编写 ADC0809 的状态机方式控制程序。

(2) 对以上程序进行全编译和语法查错。

(3) 执行"Tools→Netlist Viewers→State Machine Viewer"菜单命令，可以查看以上 VHDL 代码所产生的状态机的状态图。

(4) 建立矢量波形文件，对以上程序进行软件仿真，功能实现后，配置芯片管脚，下载程序到 DE2 实验系统中进行硬件仿真。时钟信号从"PIN_N2"管脚引入，输出用 3 个数码管显示，管脚约束参考配置图如图 2.14.3 和图 2.14.4 所示。

a0	Input	PIN_N25
a1	Input	PIN_N26
a2	Input	PIN_P25
adout[2]	Output	PIN_T18
adout[1]	Output	PIN_T21
adout[0]	Output	PIN_T20
ale	Output	PIN_T25
clk	Input	PIN_N2
clkad	Output	PIN_M20
d0	Input	PIN_R24
d1	Input	PIN_M19
d2	Input	PIN_R25
d3	Input	PIN_M21
d4	Input	PIN_R20
d5	Input	PIN_T22
d6	Input	PIN_T23
d7	Input	PIN_T24
en	Output	PIN_N20
eoc	Input	PIN_N24
start	Output	PIN_P24

图 2.14.3　管脚约束配置图 1

ha0	Output	PIN_AF10
ha1	Output	PIN_AB12
ha2	Output	PIN_AC12
ha3	Output	PIN_AD11
ha4	Output	PIN_AE11
ha5	Output	PIN_V14
ha6	Output	PIN_V13
hb0	Output	PIN_V20
hb1	Output	PIN_V21
hb2	Output	PIN_W21
hb3	Output	PIN_Y22
hb4	Output	PIN_AA24
hb5	Output	PIN_AA23
hb6	Output	PIN_AB24
hc0	Output	PIN_AB23
hc1	Output	PIN_V22
hc2	Output	PIN_AC25
hc3	Output	PIN_AC26
hc4	Output	PIN_AB26
hc5	Output	PIN_AB25
hc6	Output	PIN_Y24
led0	Output	PIN_AE23
led1	Output	PIN_AF23
led2	Output	PIN_AB21
led3	Output	PIN_AC22
led4	Output	PIN_AD22
led5	Output	PIN_AD23
led6	Output	PIN_AD21
led7	Output	PIN_AC21

图 2.14.4　管脚约束配置图 2

(5) 编写将十六进制转换为十进制的 VHDL 参考代码，将 ADC0809 的采样数据以十进制的方式输出，实现电压表的功能。

四、思考题

ADC 采样控制电路设计还可以进行相应的扩展，例如增加两个功能按键用于设定电压上下限值，当测量电压超出上下限值时，进行声音报警等，感兴趣的读者可以试着设计各种扩展功能。

附录 A　Quartus Ⅱ 软件使用指南

可编程逻辑器件是一种大规模的集成电路，其内部预置了大量易于实现各种逻辑函数的结构，同时还有一些用来保持信息或控制连接的特殊结构，这些保持信息或控制连接确定了器件实现的实际逻辑功能，当改变这些信息或连接时，器件的功能也将随之改变。可编程逻辑器件的设计过程和传统的中小规模数字电路设计也不一样，可编程数字系统，无论是 CPLD 还是 FPGA 器件都需要利用软件工具来进行设计。可编程数字系统的设计一般可以分为设计项目输入、设计项目处理、设计项目校验和器件编程这四个主要过程。下面通过简单说明可编程数字系统设计的基本流程、概念和方法，介绍 Quartus Ⅱ 软件的基本功能和操作，了解原理图输入方式的设计全过程。

一、设计项目输入

设计输入是设计者对系统要实现的逻辑功能进行描述的过程。设计输入有多种表达方式，这里主要介绍图形输入法。

1. 建立工程项目

打开 Quartus Ⅱ 7.0 软件启动图标，见附图 A.1，在"File"菜单中选择"New Project Wizard..."项，系统将弹出工程项目建立向导对话框，见附图 A.2(a)、(b)、(c)。

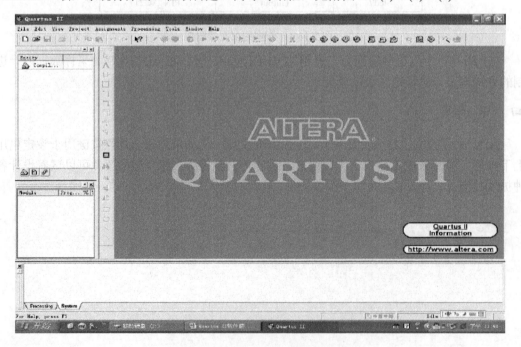

附图 A.1　Quartus Ⅱ 7.0 软件界面

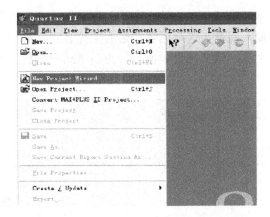

(a) Quartus II 7.0 工程项目建立向导对话框(1)

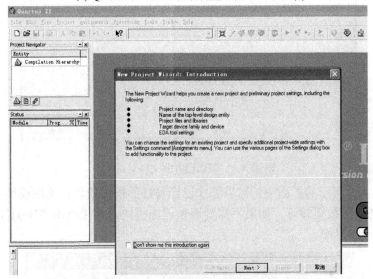

(b) Quartus II 7.0 工程项目建立向导对话框(2)

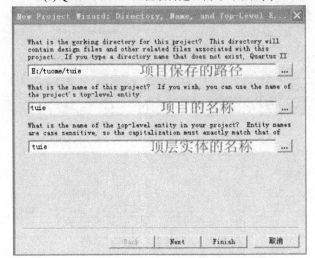

(c) Quartus II 7.0 工程项目建立向导对话框(3)

附图 A.2　Quartus II 7.0 工程项目建立向导对话框

在如附图 A.2(c)所示的对话框中，第一个输入框是指定项目保存的路径，不支持含中文字符的路径，第二个输入框是为这个项目命名的工程名称，第三个输入框是为这个项目的顶层实体命名的实体名称，这三项设定好后，点击"Next"后，系统会出现如附图 A.3所示的界面。

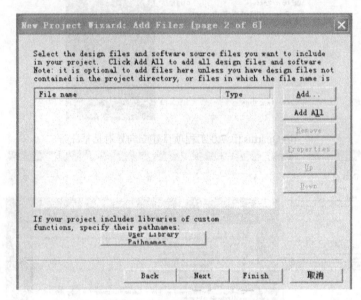

附图 A.3　添加已有的文件对话框

在如附图 A.3 所示的界面中，可以添加已经写好的程序模块，实现模块共享，添加时直接点击"Add..."按钮即可，如果不需要添加程序模块，直接点击"Next"，系统会出现如附图 A.4 所示的界面。

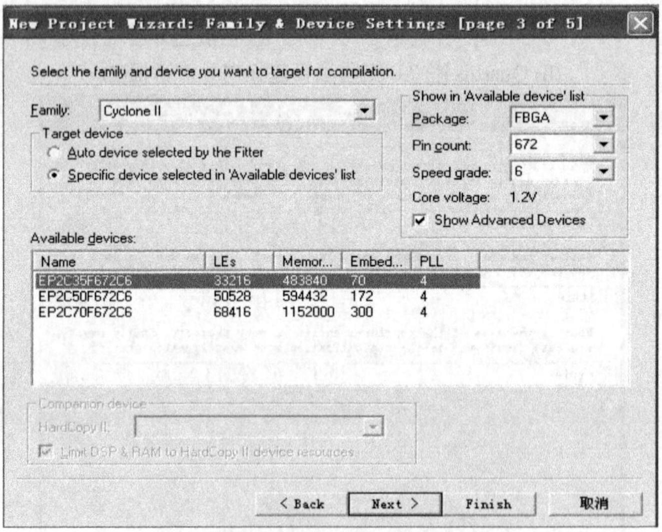

附图 A.4　目标器件选择对话框

出现附图 A.4 所示的目标器件选择对话框后，在"Family"下拉菜单中选择"Cyclone II"，在"Available devices"列表栏中选择"EP2C35F672C6"(这一步是根据所用到的具体芯片系列及型号来选择的)，点击"Next"，系统会出现如附图 A.5 所示的第三方 EDA 工具选择对话框。

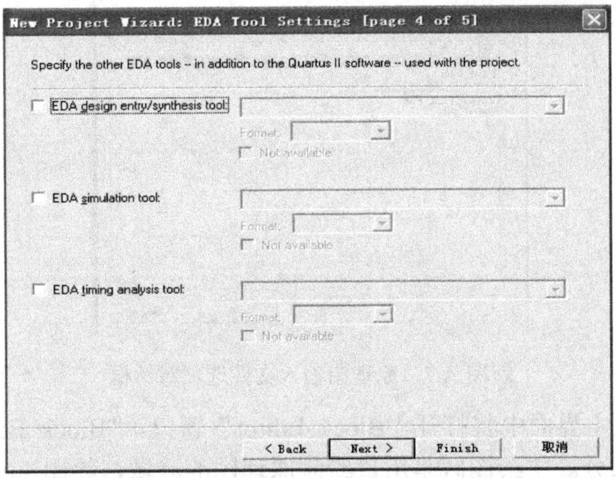

附图 A.5　第三方 EDA 工具选择对话框

出现第三方 EDA 工具选择对话框后，在对话框中可以选择第三方的综合工具、仿真工具和时延分析工具。由于在本例中的综合、仿真和时延分析都采用 Quartus Ⅱ 7.0 内置的工具，所以在该对话框中不作任何选择，继续点击"Next"，进入如附图 A.6 所示的"Summary"对话框。

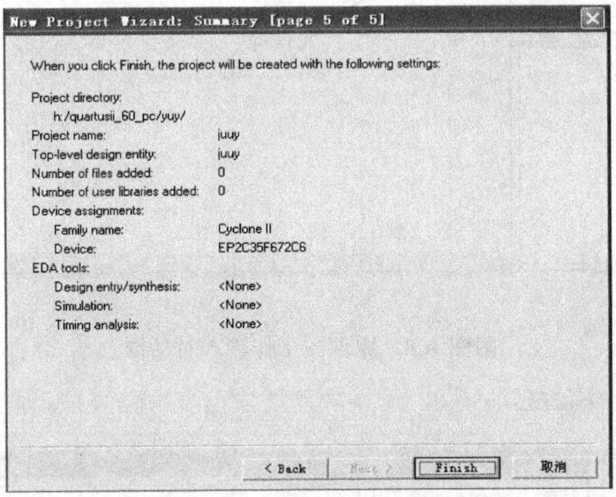

附图 A.6　"Summary"对话框

出现的"Summary"对话框中列出了前面所作设置的全部信息。点击"Finish"完成工程项目的建立，回到主窗口。

2. 建立原理图输入文件

在 Quartus Ⅱ 7.0 中可以利用 Block Editor 以原理图的形式进行设计输入和编辑。Block Editor 可以读取并编辑后缀名为".bdf"的原理图设计文件，以及在 MAX+PLUS Ⅱ 中建立的后缀名为".gdf"的原理图输入文件。

在"File"菜单中选择"New"项，系统将出现新建文件对话框。选择"Device Design

File"→"Block Diagram→Schematic File"项，如附图 A.7 所示。

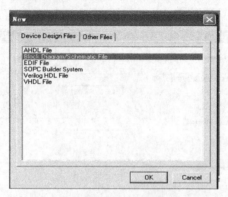

附图 A.7　原理图输入文件选项对话框

点击"OK"，在主界面中将打开"Block Editor"窗口。"Block Editor"包括主绘图区和主绘图工具条两部分。主绘图区是用户绘制原理图的区域，绘图工具条包含了绘图所需要的一些工具，如附图 A.8 和附图 A.9 所示。绘图工具条的简要说明如下。

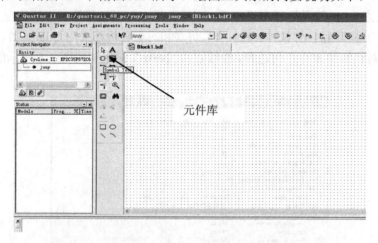

附图 A.8　原理图工作输入对话框

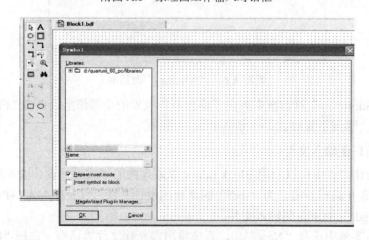

附图 A.9　元件库调用对话框

绘图工具条的简要说明如下：

选择工具：用于选择图中的器件、线条等绘图元素；

插入器件：从元件库内选择要添加的元件；

插入模块：插入已设计完成的底层模块；

正交线工具：用于绘制水平和垂直方向的连线；

正交总线工具：用于绘制水平和垂直方向的总线；

打开/关闭橡皮筋连接功能：按下该按钮后，橡皮筋连接功能打开，此时移动元件连接在元件上的连线也跟着移动，不改变同其他元件的连接关系；

打开/关闭局部正交连线选择功能：按下该按钮时打开局部正交连线选择功能，此时可以通过用鼠标选择两条正交连线的局部；

放大和缩小工具：按下时，点击鼠标左键放大、右键缩小显示绘图工作区；

全屏显示：将当前主窗口全屏显示；

垂直翻转：将选中的元件或模块进行垂直翻转；

水平翻转：将选中的元件或模块进行水平翻转；

旋转 90°：将选中的元件或模块逆时针方向旋转 90°。

(1) 元件的添加：在主绘图区双击鼠标左键，系统弹出相应的"Symbol"对话框，在 Name 栏中输入需添加的元件，如 7400 或 NAND2(二输入与非门)、NOT(非门)、Vcc(5 V 电源、高电平)、GND(接地、低电平)、INPUT(输入引脚)、OUTPUT(输出引脚)等，敲击回车键或点击"OK"，此时在鼠标光标处将出现该元件的图标，并随鼠标的移动而移动，在合适的位置点击鼠标左键，放置一个元件。也可以利用插入器件工具 来添加元器件，方法类似。

(2) 命名输入输出引脚：双击输入输出引脚的"PIN_NAME"，输入自己定义的名字即可。

(3) 器件的连接和修改：连接元器件的两个端口时，先将鼠标移到其中一个端口上，这时鼠标指示符自动变为"+"形状，然后一直按住鼠标的左键并将光标拖到第二个端口，放开左键，则一条连接线绘制完成。如果需要删除一根连接线，则可单击这根连接线使其成高亮线，然后按键盘上的"Delete"键即可。

(4) 保存文件：在"File"菜单下选择"Save"，系统出现文件保存对话框。单击"OK"，使用默认的文件名存盘。默认的文件名会自动为项目顶层模块名加上".bdf"后缀。

二、设计项目处理

在完成输入后，设计项目必须经过一系列的编译处理才能转化为可以下载到器件内的编程文件。

(1) 点击主工具栏上的 按钮，开始"Analysis & Synthesis"编译过程。

注意：应该将要编译的文件设置成顶层文件才能对它进行编译，设置方法为：点击左边"Project Navigator/files"，打开"files/Device Design Files"，选中要编译的 bdf 文件，点击鼠标右键，在弹出的菜单中选择"Set as Top-level Entity"。

(2) 在项目处理过程期间，所有信息、错误和警告将会在自动打开的信息处理窗口中显示出来。如果有错误或警告发生，双击该错误或警告信息，就会找到该错误或警告在设计文件中的位置。其中错误必须要修改，否则无法执行后续的项目处理，对于警告则要分情况处理。

(3) 分配引脚：Analysis & Synthesis 全部通过后，为了把设计项目下载到实际电路中进行验证，还必须把设计项目的输入输出端口和器件相应的引脚绑定在一起。有两种方法可以实现这个过程，一种是给引脚分配信号，另一种则是给信号分配管脚。在此只介绍给信号分配管脚的方法：

① 选择菜单"Assignments"→"Pins"，系统弹出"Assignments Editor"窗口。选择菜单"View"→"Show All Known Pin Names"，此时编辑器将显示所有的输入输出信号，其中"To"列是信号列，"Location"列是引脚列，"General Function"列显示该引脚的通用功能。对于一个输入输出信号，双击对应的"Location"列，在弹出的下拉列表框内选择需要绑定的管脚号。完成所有引脚的绑定后，保存修改，此时原理图设计文件将给输入输出端口添加引脚编号。

② 布局布线、生成编程文件和时序分析：Analysis & Synthesis 和管脚分配完成后，可以点击 ▶ 进行全编译，如附图 A.10 和附图 A.11 所示。

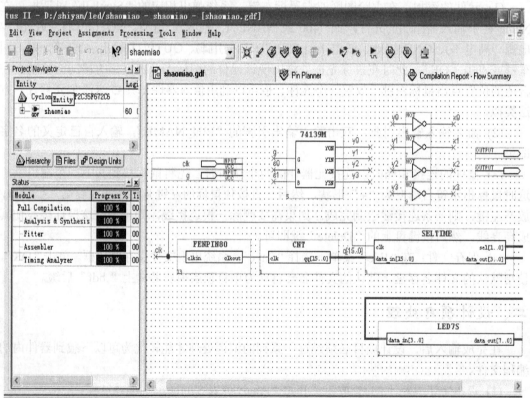

附图 A.10　全编译对话框

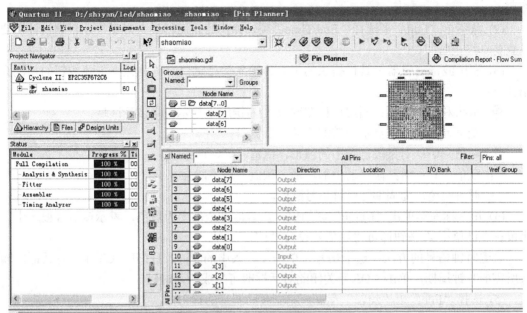

三、设计项目校验

在完成设计输入和编译后，我们可以通过软件来检验设计的逻辑功能和计算设计的内部定时是否符合设计要求。常见的设计项目校验包括功能仿真、定时分析和时序仿真。

1. 建立输入激励波形文件(.vmf)

在做仿真之前，必须要先建立波形激励文件，具体步骤如下：

(1) 在"File"菜单中选择"New"打开新建文件对话框，在"Other Files"中选择"Vector Waveform File"项后点击"OK"。

(2) 在编辑器窗口的节点名称栏(Name)空白处单击鼠标右键，在该菜单中选择"Insert Node or Bus…"项，系统弹出"Insert Node or Bus"对话框，点击"Node Finder"按钮，打开"Node Finder"对话框，单击"List"按钮可以在"Nodes Found"栏中看到在设计中的所有输入/输出信号，当选中信号时，蓝色高亮，表示被选中。单击"≥"按钮可将选中的信号移动到"Selected Nodes"区，表示可对这些信号进行观测。点击"OK"按钮，回到"Insert Node or Bus"对话框，再次点击该对话框的"OK"按钮。

(3) 从菜单"File"中选择"Save"，将此波形文件保存为默认名，扩展名".vmf"表示仿真波形激励文件。

2. 为输入信号建立输入激励波形

在波形文件中添加输入/输出信号后，就可开始为输入信号建立输入激励波形。

(1) 在"Tools"菜单中选择"Options"项，打开参数设置对话框，选择"Waveform Editor"项设置波形仿真器参数。在这个对话框里设置"Snap to grid"为不选中，其他为缺省值即可。

(2) 从菜单"Edit"下选择"End Time"项，弹出终止时间设定对话框，根据设计需要设置仿真终止时间。

(3) 利用波形编辑器工具栏提供的工具为输入信号赋值，工具栏中主要按钮的功能介绍如下：

⊕ 放大和缩小工具：利用鼠标左键放大/右键缩小显示仿真波形区域；

▣ 全屏显示：全屏显示当前波形编辑器窗口；

⊥ 赋值"0"：对某段已选中的波形，赋值'0'，即强0；

⊤ 赋值"1"：对某段已选中的波形，赋值'1'，即强1；

⋈ 时钟赋值：为周期性时钟信号赋值。

(4) 用鼠标左键单击"Name"区的信号，该信号全部变为黑色，表示该信号被选中。用鼠标左键单击 ⊤ 按钮即可将该信号设为"1"。

设置时钟信号的方法：选中信号，单击工具条中的 ⋈ 按钮打开"Clock"对话框，输入所需的时钟周期，单击"OK"关闭此对话框即可生成所需时钟。

(5) 选择"File"中"Save"存盘。完成激励波形的输入。

3. 功能仿真

可编程系统的仿真一般分为功能仿真和时序仿真。其中功能仿真主要是检查逻辑功能是否正确。功能仿真的方法如下：

(1) 在"Processing"菜单下选择"Simulator Tool"项，打开"Simulator Tool"对话框。在"Simulator Mode"下拉列表框中选择"Functional"项，在"Simulation input"栏中指定波形激励文件。单击"Generator Functional Simulator Netlist"按钮，生成功能仿真网表文件。

(2) 仿真网表生成成功后，点击"Start"按钮，开始功能仿真。仿真计算完成后，点击"Report"按钮，打开仿真结果波形。

(3) 观察输出波形，检查是否满足设计要求。

4. 时序仿真

时序仿真是在功能仿真的基础上利用在布局布线中获得的精确延时参数进行的精确仿真，一般时序仿真的结果和实际结果非常接近，但由于要计算大量的时延信息，仿真速度比较慢。时序仿真的详细步骤如下：

(1) 在"Simulator Tool"对话框的"Simulator Mode"下拉列表框中选择"Timing"项，在"Simulation input"栏中指定波形激励文件。

(2) 点击"Start"按钮，开始时序仿真。仿真计算完成后，点击"Report"按钮，打开和功能仿真类似的仿真结果波形。

四、器件编程

器件编程是使用项目处理过程中生成的编程文件对器件进行编程的，在这个过程中可以对器件进行编程、校验和试验，检查是否空白以及进行功能测试。

(1) 用下载电缆将计算机并口和实验设备连接起来，并接通电源。

(2) 选择"Tools"→"Programmer"菜单，打开"Programmer"窗口。

在开始编程之前，必须正确设置编程硬件。点击"Hardware Setup"按钮，打开硬件设置口。

(3) 点击"Add Hardware"按钮打开硬件添加窗口，在"Currently selected hardware"下拉框中选择"USB-Blaster [USB-0]"，点击"OK"按钮确认，关闭"Hard Setup"窗口，完成硬件设置，如附图 A.12 和附图 A.13 所示。

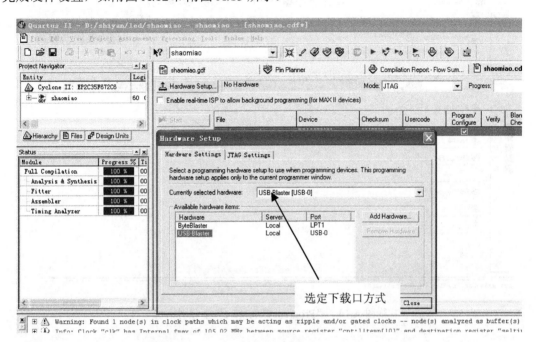

附图 A.12　选择"USB-Blaster [USB-0]"下载口对话框

附图 A.13　下载编程文件到目标器件对话框

(4) 将模式"Mode"选为"JTAG"方式下载。

(5) 将"Program/Configure"选中。

(6) 点击"Start"按钮，开始编程，如附图 A.14 所示。

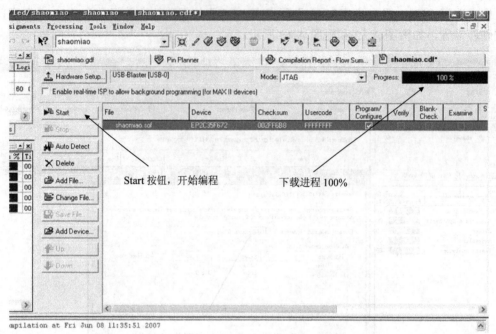

附图 A.14　"Program/Configure"下载对话框

附录 B DE2 板的组成、结构及说明

DE2 开发板结构图如附图 B.1 所示。

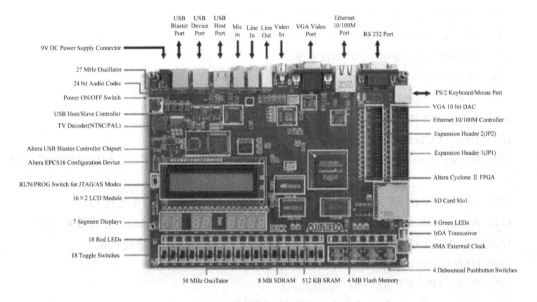

附图 B.1 DE2 开发板结构图

DE2 开发板的组成部分如下：

(1) USB Blaster Port：USB 串行下载口；

(2) USB Device Port：与外部的 USB 设备通信口；

(3) USB Host Port：USB 主机口；

(4) Mc in：麦克风输入；

(5) Line in：线性输入，用来输入线性信号；

(6) Line out：线性输出，用来将处理过的信号以线性的形式传输出来；

(7) Video in：视频信号输入口；

(8) VGA Video Port：VGA 视频输出口，将处理后的视频信号以 VGA 的形式输出；

(9) Ethernet 10/100M Port：10/100 M 以太网接口；

(10) RS 232 Port：RS 232 接口；

(11) PS/2 Keyboard /Mouse Port：PS/2 键盘鼠标接口；

(12) VGA 10 bit DAC：10 bit 宽数模转换 VGA 视频显示芯片；

(13) Ethernet 10/100M Controller：10/100 M 以太网控制器；

(14) Expansion Header 2：外部扩展口之 2，可以外接 IDE 硬盘；

(15) Expansion Header 1：外部扩展口之 1，可以外接 IDE 硬盘；

(16) Altera Cyclone Ⅱ FPGA：Altera 公司的 Cyclone 系列的 FPGA 芯片；

(17) SD Card Slot：安全数码卡插槽；

(18) 8 Green LEDs：8 个绿色的发光二极管；

(19) IrDA Transceiver：红外接受发送端口；

(20) SMA External Clock：SMA 外部扩展时钟；

(21) 4 Debounced Pushbutton Switches：4 个反弹按钮开关；

(22) 4 MB Flash Memory：4 MB 容量的 Flash 存储器；

(23) 512 KB SRAM：512 KB 的静态随机存取器；

(24) 8 MB SDRAM：8 MB 同步动态随机存取器；

(25) 50 MHz Oscillator：50 MHz 晶振；

(26) 18 Toggle Switches：18 个切换开关；

(27) 18 Red LEDs：18 个红色的发光二极管；

(28) 7 Segment Displays：七段数码管；

(29) 16 × 2 LCD Module：16 × 2 液晶块模块；

(30) RUN/PROG Switch for JTAG/AS Models：用于 JTAG/AS 模式的 RUN/PROG 选择开关；

(31) Altera EPCS16 Configuration Device：Altera 公司的 EPCS16 配置芯片；

(32) Altera USB Blaster Controller Chipset：Altera 公司 USB Blaster 控制器芯片集；

(33) TV Decoder (NTSC/PAL)：TV 编码解码器(NTSC/PAL 两种模式)；

(34) USB Host/Slave Controller：USB 主/从控制器；

(35) Power ON/OFF Switch：电源开关；

(36) 24-bit Audio Codec：24-bit 音频编码解码器；

(37) 27 MHz Oscillator：27 MHz 晶振；

(38) 9 V DC Power Supply Connector：9 V 直流供电电源连接口。

DE2 板的方块原理图如附图 B.2 所示。

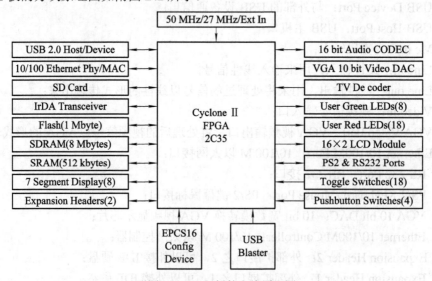

附图 B.2　DE2 板的方块原理图

原理图中部分模块的使用介绍如下。

1. Cyclone Ⅱ 系列 FPGA 的配置(即下载方式)

在实验板中，有两种方式可以将计算机中编译好的程序烧录到实验板上的 FPGA 芯片中 。具体介绍如下：

1) JTAG (Joint Test Action Group)编程模式

JTAG 编程模式是以 IEEE 标准联合测试行动组命名的，配置的比特流直接下载到 Cyclone Ⅱ FPGA 芯片中；只要电源不掉电，板中的 FPGA 将保持下载的内容；如果掉电，下载的内容就丢失了。JTAG 编程的原理图如附图 B.3 所示。

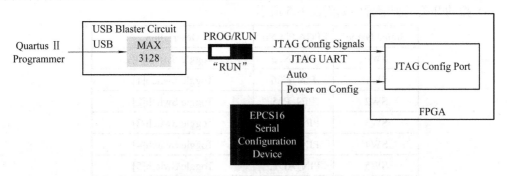

附图 B.3　JTAG 编程的原理图

JTAG 编程模式具体的步骤如下：

(1) 接通电源开关。

(2) 连接 USB 电缆到 DE2 板的 USB Blaster。

(3) 将 RUN/PROG 开关拨动到 RUN 的位置。

(4) 选择以 ".sof" 为扩展名的要下载的比特流文件，在 Quartus Ⅱ 的编程器模块下即可进行编程。

2) AS(Active Serial)编程模式

AS 编程模式即主动串行模式，配置的比特流下载到 Altera 公司的 EPCS16 串行输入的 EEPROM 芯片中，这个芯片起存储作用，所以当掉电后下载的程序能保存下来。因此，重新上电时，配置的数据能自动地从 EPCS16 中装载到 Cyclone Ⅱ FPGA 中。

AS 编程的原理图如附图 B.4 所示。

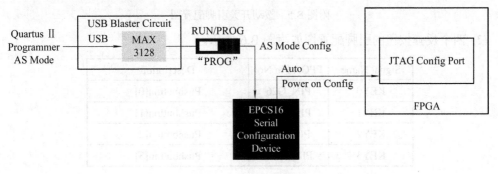

附图 B.4　AS 编程的原理图

AS 编程模式具体步骤如下：

(1) 打开电源开关。

(2) 连接 USB Blaster 电缆到 DE2 板的 USB Blaster 口。

(3) 将 RUN/PROG 开关拨动到 PROG 位置。

(4) 在编程模块下，选择 ".pof" 为扩展名的比特流文件，EPCS16 芯片能被编程。

(5) 上述操作完成后将开关拨动到 RUN 位置，掉电后在 EPCS16 里的内容就能自动地重装到 FPGA 中。

2. 部分接口的引脚配置图/表

(1) 拨动开关引脚配置图如附图 B.5 所示。

Signal Name	FPGA Pin No.	Description
SW0	PIN_N25	Toggle Switch[0]
SW1	PIN_N26	Toggle Switch[1]
SW2	PIN_P25	Toggle Switch[2]
SW3	PIN_AE14	Toggle Switch[3]
SW4	PIN_AF14	Toggle Switch[4]
SW5	PIN_AD13	Toggle Switch[5]
SW6	PIN_AC13	Toggle Switch[6]
SW7	PIN_C13	Toggle Switch[7]
SW8	PIN_B13	Toggle Switch[8]
SW9	PIN_A13	Toggle Switch[9]
SW10	PIN_N1	Toggle Switch[10]
SW11	PIN_P1	Toggle Switch[11]
SW12	PIN_P2	Toggle Switch[12]
SW13	PIN_T7	Toggle Switch[13]
SW14	PIN_U3	Toggle Switch[14]
SW15	PIN_U4	Toggle Switch[15]
SW16	PIN_V1	Toggle Switch[16]
SW17	PIN_V2	Toggle Switch[17]

附图 B.5　拨动开关引脚配置图

(2) 四个反弹按钮的引脚配置图如附图 B.6 所示。

Signal Name	FPGA Pin No.	Description
KEY0	PIN_G26	Pushbutton[0]
KEY1	PIN_N23	Pushbutton[1]
KEY2	PIN_P23	Pushbutton[2]
KEY3	PIN_W26	Pushbutton[3]

附图 B.6　四个反弹按钮的引脚配置图

(3) 发光二极管的引脚配置图如附图 B.7 所示。

Signal Name	FPGA Pin No.	Description
LEDR0	PIN_AE23	LED Red[0]
LEDR1	PIN_AF23	LED Red[1]
LEDR2	PIN_AB21	LED Red[2]
LEDR3	PIN_AC22	LED Red[3]
LEDR4	PIN_AD22	LED Red[4]
LEDR5	PIN_AD23	LED Red[5]
LEDR6	PIN_AD21	LED Red[6]
LEDR7	PIN_AC21	LED Red[7]
LEDR8	PIN_AA14	LED Red[8]
LEDR9	PIN_Y13	LED Red[9]
LEDR10	PIN_AA13	LED Red[10]
LEDR11	PIN_AC14	LED Red[11]
LEDR12	PIN_AD15	LED Red[12]
LEDR13	PIN_AE15	LED Red[13]
LEDR14	PIN_AF13	LED Red[14]
LEDR15	PIN_AE13	LED Red[15]
LEDR16	PIN_AE12	LED Red[16]
LEDR17	PIN_AD12	LED Red[17]
LEDG0	PIN_AE22	LED Green[0]
LEDG1	PIN_AF22	LED Green[1]
LEDG2	PIN_W19	LED Green[2]
LEDG3	PIN_V18	LED Green[3]
LEDG4	PIN_U18	LED Green[4]
LEDG5	PIN_U17	LED Green[5]
LEDG6	PIN_AA20	LED Green[6]
LEDG7	PIN_Y18	LED Green[7]
LEDG8	PIN_Y12	LED Green[8]

附图 B.7　发光二极管的引脚配置图

(4) 七段数码管的引脚配置图如附图 B.8 所示。

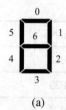

(a)

Signal Name	FPGA Pin No.	Description	Signal Name	FPGA Pin No.	Description
HEX0 0	PIN_AF10	Seven Segment Digit 0[0]	HEX4 0	PIN_U9	Seven Segment Digit 4[0]
HEX0 1	PIN_AB12	Seven Segment Digit 0[1]	HEX4 1	PIN_U1	Seven Segment Digit 4[1]
HEX0 2	PIN_AC12	Seven Segment Digit 0[2]	HEX4 2	PIN_U2	Seven Segment Digit 4[2]
HEX0 3	PIN_AD11	Seven Segment Digit 0[3]	HEX4 3	PIN_T4	Seven Segment Digit 4[3]
HEX0 4	PIN_AE11	Seven Segment Digit 0[4]	HEX4 4	PIN_R7	Seven Segment Digit 4[4]
HEX0 5	PIN_V14	Seven Segment Digit 0[5]	HEX4 5	PIN_R6	Seven Segment Digit 4[5]
HEX0 6	PIN_V13	Seven Segment Digit 0[6]	HEX4 6	PIN_T3	Seven Segment Digit 4[6]
HEX1 0	PIN_V20	Seven Segment Digit 1[0]	HEX5 0	PIN_T2	Seven Segment Digit 5[0]
HEX1 1	PIN_V21	Seven Segment Digit 1[1]	HEX5 1	PIN_P6	Seven Segment Digit 5[1]
HEX1 2	PIN_W21	Seven Segment Digit 1[2]	HEX5 2	PIN_P7	Seven Segment Digit 5[2]
HEX1 3	PIN_Y22	Seven Segment Digit 1[3]	HEX5 3	PIN_T9	Seven Segment Digit 5[3]
HEX1 4	PIN_AA24	Seven Segment Digit 1[4]	HEX5 4	PIN_R5	Seven Segment Digit 5[4]
HEX1 5	PIN_AA23	Seven Segment Digit 1[5]	HEX5 5	PIN_R4	Seven Segment Digit 5[5]
HEX1 6	PIN_AB24	Seven Segment Digit 1[6]	HEX5 6	PIN_R3	Seven Segment Digit 5[6]
HEX2 0	PIN_AB23	Seven Segment Digit 2[0]	HEX6 0	PIN_R2	Seven Segment Digit 6[0]
HEX2 1	PIN_V22	Seven Segment Digit 2[1]	HEX6 1	PIN_P4	Seven Segment Digit 6[1]
HEX2 2	PIN_AC25	Seven Segment Digit 2[2]	HEX6 2	PIN_P3	Seven Segment Digit 6[2]
HEX2 3	PIN_AC26	Seven Segment Digit 2[3]	HEX6 3	PIN_M2	Seven Segment Digit 6[3]
HEX2 4	PIN_AB26	Seven Segment Digit 2[4]	HEX6 4	PIN_M3	Seven Segment Digit 6[4]
HEX2 5	PIN_AB25	Seven Segment Digit 2[5]	HEX6 5	PIN_M5	Seven Segment Digit 6[5]
HEX2 6	PIN_Y24	Seven Segment Digit 2[6]	HEX6 6	PIN_M4	Seven Segment Digit 6[6]
HEX3 0	PIN_Y23	Seven Segment Digit 3[0]	HEX7 0	PIN_L3	Seven Segment Digit 7[0]
HEX3 1	PIN_AA25	Seven Segment Digit 3[1]	HEX7 1	PIN_L2	Seven Segment Digit 7[1]
HEX3 2	PIN_AA26	Seven Segment Digit 3[2]	HEX7 2	PIN_L9	Seven Segment Digit 7[2]
HEX3 3	PIN_Y26	Seven Segment Digit 3[3]	HEX7 3	PIN_L6	Seven Segment Digit 7[3]
HEX3 4	PIN_Y25	Seven Segment Digit 3[4]	HEX7 4	PIN_L7	Seven Segment Digit 7[4]
HEX3 5	PIN_U22	Seven Segment Digit 3[5]	HEX7 5	PIN_P9	Seven Segment Digit 7[5]
HEX3 6	PIN_W24	Seven Segment Digit 3[6]	HEX7 6	PIN_N9	Seven Segment Digit 7[6]

(b)

附图 B.8　七段数码管的引脚配置图

(5) LCD 模块的引脚配置图如附图 B.9 所示。

Signal Name	FPGA Pin No.	Description
LCD_DATA[0]	PIN_J1	LCD Data[0]
LCD_DATA[1]	PIN_J2	LCD Data[1]
LCD_DATA[2]	PIN_H1	LCD Data[2]
LCD_DATA[3]	PIN_H2	LCD Data[3]
LCD_DATA[4]	PIN_J4	LCD Data[4]
LCD_DATA[5]	PIN_J3	LCD Data[5]
LCD_DATA[6]	PIN_H4	LCD Data[6]
LCD_DATA[7]	PIN_H3	LCD Data[7]
LCD_RW	PIN_K4	LCD Read/Write Select, 0 = Write, 1 = Read
LCD_EN	PIN_K3	LCD Enable
LCD_RS	PIN_K1	LCD Command/Data Select, 0 = Command, 1 = Data
LCD_ON	PIN_L4	LCD Power ON/OFF
LCD_BLON	PIN_K2	LCD Back Light ON/OFF

附图 B.9　LCD 模块的引脚配置图

其他内容请参考在桂林电子科技大学网站的教学实践部主页，电子线路中心数字逻辑实验室下的 DE2 user Manual ，也可以在 Altera 公司的网站(http://www. Altera.com.cn)上查阅相关资料。

附录 C 常用数字集成电路引脚排列图

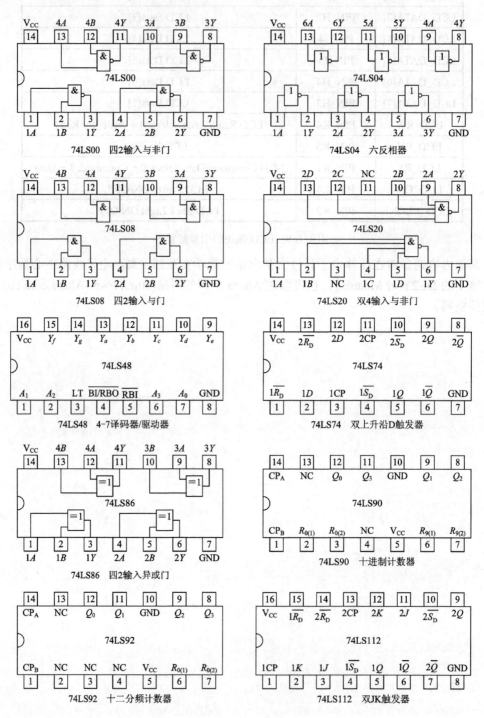

74LS00 四2输入与非门

74LS04 六反相器

74LS08 四2输入与门

74LS20 双4输入与非门

74LS48 4-7译码器/驱动器

74LS74 双上升沿D触发器

74LS86 四2输入异或门

74LS90 十进制计数器

74LS92 十二分频计数器

74LS112 双JK触发器

74LS125

14	13	12	11	10	9	8
V_{CC}	$4\overline{EN}$	$4A$	$4Y$	$3\overline{EN}$	$3A$	$3Y$

$1\overline{EN}$	$1A$	$1Y$	$2\overline{EN}$	$2A$	$2Y$	GND
1	2	3	4	5	6	7

74LS125 四总线缓冲器

74LS138

16	15	14	13	12	11	10	9
V_{CC}	$\overline{Y_0}$	$\overline{Y_1}$	$\overline{Y_2}$	$\overline{Y_3}$	$\overline{Y_4}$	$\overline{Y_5}$	$\overline{Y_6}$

A_0	A_1	A_2	$\overline{G_{2A}}$	$\overline{G_{2B}}$	G_1	$\overline{Y_7}$	GND
1	2	3	4	5	6	7	8

74LS138 3线-8线译码器

74LS139

16	15	14	13	12	11	10	9
V_{CC}	$2\overline{G}$	$2A_0$	$2A_1$	$2\overline{Y_0}$	$2\overline{Y_1}$	$2\overline{Y_2}$	$2\overline{Y_3}$

$1\overline{G}$	$1A_0$	$1A_1$	$1\overline{Y_0}$	$1\overline{Y_1}$	$1\overline{Y_2}$	$1\overline{Y_3}$	GND
1	2	3	4	5	6	7	8

74LS139 双2线-4线译码器

74LS148

16	15	14	13	12	11	10	9
V_{CC}	$\overline{Y_S}$	$\overline{Y_{EX}}$	$\overline{I_3}$	$\overline{I_2}$	$\overline{I_1}$	$\overline{I_0}$	$\overline{Y_0}$

$\overline{I_4}$	$\overline{I_5}$	$\overline{I_6}$	$\overline{I_7}$	$\overline{S}$	$\overline{Y_2}$	$\overline{Y_1}$	GND
1	2	3	4	5	6	7	8

74LS148 8线-3线优先编码器

74LS151

16	15	14	13	12	11	10	9
V_{CC}	D_4	D_5	D_6	D_7	A_0	A_1	A_2

D_3	D_2	D_1	D_0	Y	$\overline{Y}$	S	GND
1	2	3	4	5	6	7	8

74LS151 8选1数据选择器

74LS153

16	15	14	13	12	11	10	9
V_{CC}	$2\overline{S}$	A_0	$2D_3$	$2D_2$	$2D_1$	$2D_0$	$2Y$

$1\overline{S}$	A_1	$1D_3$	$1D_2$	$1D_1$	$1D_0$	$1Y$	GND
1	2	3	4	5	6	7	8

74LS153 双4选1数据选择器

74LS160/161

16	15	14	13	12	11	10	9
V_{CC}	CO	Q_0	Q_1	Q_2	Q_3	CT_T	$\overline{LD}$

$\overline{CR}$	CP	D_0	D_1	D_2	D_3	CT_P	GND
1	2	3	4	5	6	7	8

74LS160/161 十进制同步加法计数器
4位二进制同步加法计数器

74LS192/193

16	15	14	13	12	11	10	9
V_{CC}	D_0	CR	$\overline{BO}$	$\overline{CO}$	$\overline{LD}$	D_2	D_3

D_1	Q_1	Q_0	CP_D	CP_U	Q_2	Q_3	GND
1	2	3	4	5	6	7	8

74LS192/193 十进制同步加减法计数器
4位二进制同步加减法计数器

74LS194

16	15	14	13	12	11	10	9
V_{CC}	Q_0	Q_1	Q_2	Q_3	CP	S_1	S_0

$\overline{C_R}$	S_R	D_0	D_1	D_2	D_3	S_L	GND
1	2	3	4	5	6	7	8

74LS194 4位双向移位寄存器

74LS273

20	19	18	17	16	15	14	13	12	11
V_{CC}	$8Q$	$8D$	$7D$	$7Q$	$6Q$	$6D$	$5D$	$5Q$	CP

$\overline{R_D}$	$1Q$	$1D$	$2D$	$2Q$	$3Q$	$3D$	$4D$	$4Q$	GND
1	2	3	4	5	6	7	8	9	10

74LS273 八位D锁存器

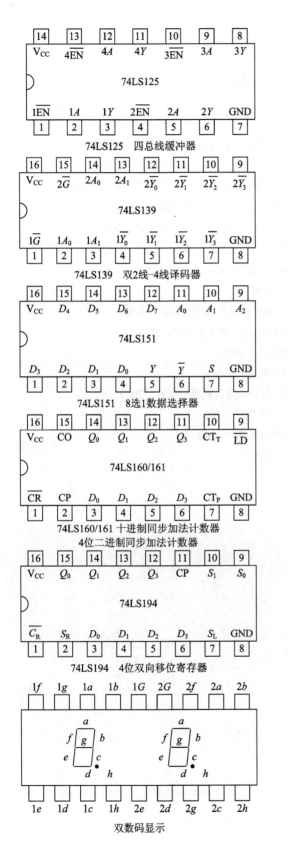

| 1f | 1g | 1a | 1b | 1G | 2G | 2f | 2a | 2b |

| 1e | 1d | 1c | 1h | 2e | 2d | 2g | 2c | 2h |

双数码显示

参 考 文 献

[1] 谢自美. 电子线路设计·实验·测试[M]. 2 版. 武汉：华中科技大学出版社，2003.

[2] 徐莹隽，常春，曹志香. 数字逻辑电路设计实践[M]. 北京：高等教育出版社，2008.

[3] 侯建军. 电子技术基础实验、综合设计实验与课程设计[M]. 北京：高等教育出版社，2009.

[4] 江国强，蒋艳红. 现代数字逻辑电路实验指导[M]. 北京：电子工业出版社，2005.

[5] 周巍，黄雄华. 数字逻辑电路实验·设计·仿真[M]. 成都：电子科大出版社，2007.

[6] 李焕英. 数字电路与逻辑设计实训教程[M]. 北京：科学出版社. 2005.

[7] 王毓银. 数字电路逻辑设计(脉冲与数字电路)[M]. 3 版. 北京：高等教育出版社，2002.

[8] 连晋平. 数字逻辑电路[M]. 北京：科学出版社，2005.

[9] 赵淑范，王宪伟. 电子技术实验与课程设计[M]. 北京：清华大学出版社，2006.

[10] 比格内尔. 数字电子技术[M]. 刘海涛，译. 4 版. 北京：科学出版社，2005.

[11] 于晓平. 数字电子技术[M]. 北京：清华大学出版社，2006.

[12] 侯建军. 数字逻辑与系统[M]. 北京：中国铁道出版社，1999.

[13] 李哲英. 电子技术及其应用基础(数字部分)[M]. 北京：高等教育出版社，2003.

[14] 路勇. 电子电路实验及仿真[M]. 北京：清华大学出版社，2004.

[15] 阎石. 数字逻辑与数字电路[M]. 北京：清华大学出版社，2000.